프랑스식
통잠 육아

프랑스 아기는 아침까지 혼자 푹 잔다

프랑스식
통잠 육아

레로 치히로 지음 | 지소연 옮김

RHK
알에이치코리아

"밤마다 너무 울어 대서 힘들어요."

"혼자서 잘 자 주면 얼마나 좋을까요……."

"좀 더 쉽게 재울 수 있는 방법은 없을까요?"

"나만의 시간이 좀 있었으면 좋겠어요."

엄마가 되면 많은 사람이 아기를 어떻게 해야 잘 재울 수 있을지 고민한다. 오래 자지 않는 데다 밤중에 자꾸 깨어나 울음을 터뜨리기까지……. 갓난아이를 둔 부모, 특히 엄마는 자는 시간을 깎아 가며 아이를 달래고 재우느라 허리가 휜다.

그럼에도 많은 부모가 '지금 시기에는 어쩔 수 없다', '부모니까 참아야 한다', '내 시간이 필요하다는 말은 무책임하다'고 생각한다.

이런 문제로 골머리를 앓는 사람들에게 '프랑스 육아'를 권하고 싶다.

나는 아기가 있는 부모들에게 프랑스식 육아를 소개하고 지도하는 일을 한다.

일본에서 나고 자란 일본 토박이지만 프랑스인 남편과 결혼해 지금껏 세 딸을 프랑스식으로 키워 왔다. 일본과 프랑스는 문화가 많이 다른데, 그중에서도 가장 놀라웠던 점이 바로 육아와 수면에 관한 차이였다.

들어본 적이 있을지도 모르겠지만, 프랑스에는 일본과 달리 '밤에 깨서 우는 것'을 가리키는 말이나 개념이 존재하지 않는다. 프랑스 아기는 혼자서도 아침까지 잘 잔다.

어째서 프랑스 아기는 밤에 깨서 울지 않고 혼자서 밤새 잘 수 있을까?

프랑스 사람들이 갓난아기나 어린아이를 대하는 사고방식과 육아 방식이 우리와 크게 다르기 때문이다.

자세한 내용은 1장에서 본격적으로 다루겠지만, 프랑스인에게 '수면'이란 아기 때부터 학습하는 것이며, 아기에게 '잠자는 방법'을 가르쳐 주는 것이 부모의 첫 번째 의무이다.

그래서 임신 사실을 알게 된 순간부터 어른과 아기의 수면 원

리 차이, 아기가 혼자 밤새 잘 수 있는 환경을 만드는 방법 등을
병원에서 배운다.

아기는 무엇이든 학습한다.
밤에 깨서 울던 아이도 부모가 올바른 방식으로 대응하면 빠
르게 학습해 더 이상 밤중에 울지 않게 된다. 하지만 밤마다 깨
서 잠투정하는 아이에게 부모가 어떻게 대응해야 하는지 모르
면, 아이는 '울면 엄마가 와준다'고 학습해서 아무리 시간이 지나
도 반복해서 울음을 터뜨린다.
이 책에서 소개하는 방법을 단계별로 실천하면 아기 스스로
잠들 수 있게 된다. 7시간 수면, 10시간 수면 같은 장시간 통잠
을 달성하려면 조금 시간이 걸리지만, 순서대로 차근히 하다 보
면 장시간 수면 또한 가능해진다.

부모도 아이도
모두 자립하는 육아

아이가 밤새 잠을 잔다는 것은 부모의 시간이 그만큼 늘어난
다는 뜻이다. 프랑스인의 육아관은 '어른이 우선'이라는 것이

다른 나라와의 큰 차이점이다.

무엇이 되었든 일본이나 한국처럼 아이가 먼저인 사람들과는 사고방식이 완전히 반대인 셈이다.

프랑스 부모는 아이를 소중하게 여기면서도 그와 마찬가지로 자신, 즉 부모의 시간과 여유 있는 생활 또한 중요하게 생각한다.

부모이기 이전에 한 사람으로서 자신을 소중히 여겨야 부모도 아이도 자립할 수 있고 '내 일은 내 힘으로 한다'는 가르침을 아이에게 전해줄 수 있다.

만약 아이의 수면에 관한 고민을 해결하는 방법뿐만 아니라 나답게 사는 방법, 자립심 강한 아이로 키우는 방법을 알고 싶다면 반드시 프랑스 육아를 실천해 보자.

이 책이 여러분의 육아를 즐겁고 풍요롭게 만드는 데 도움이 된다면 저자로서 그보다 기쁜 일은 없을 것이다. 부디 마지막 장까지 함께할 수 있기를 바란다.

프랑스 육아 어드바이저

레로 치히로

※ 프랑스 수면교육은 엄마와 아이가 다른 방을 쓸 때도 같은 방을 쓸 때도 모두 실행이 가능하다. 단, 침실이 다를 때는 베이비캠 사용하기, 아기 침대에 다른 물건 두지 않기 등과 같이 세심한 주의가 필요하다.

✦ 2장 ✦
프랑스 부모가
아기를 재우는 방법

✦ 3장 ✦
혼자서 밤새 통잠 자는
아이로 만드는 방법

2부

◆ 4장 ◆

**프랑스 육아
Q&A**

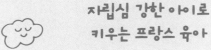

◆ 5장 ◆

**자립심 강한 아이로
키우는 프랑스 육아**

◆ 서장 ◆

프랑스 육아를
권하는 이유

프랑스 육아와의
만남

처음 프랑스 땅을 밟은 것은 스무 살 때였다.

당시 패션 전문학교에 다니던 나는 패션의 성지 파리로 떠나는 수학여행을 몹시 기대하고 있었다. 그런데 막상 가 보니 파리의 겨울 풍경은 기대와 달리 을씨년스럽고 삭막해 조금 실망했던 기억이 난다.

지금 생각해 보면 스무 살의 내게는 앞서 뉴욕에 갔을 때 본 네온사인이나 다채로운 거리와 달리 우아하고 멋스러운 파리의 매력이 제대로 느껴지지 않았는지도 모른다.

프랑스 사람과의 소통 또한 마찬가지였다. 쇼핑을 갔다가 점원과 대화한 것이 전부이기는 하지만, 출발하기 이삼일 전에 벼락치기로 공부한 프랑스어는 전혀 통하지 않는 데다 영어로 말을 걸어도 시큰둥하니 친절하지 않아서 프랑스 사람은 차갑다는 인상을 받았다.

'나는 프랑스하고 잘 안 맞나 보다.'

그때는 그렇게 생각했다.

그런데 그 후 일본에서 프랑스 남자를 만나 국제결혼을 하면서 프랑스와 다시 연이 생겼다.

남편의 가족이나 친구를 비롯해 여러 프랑스 사람을 접할 기회가 많아지자 프랑스인에 대한 생각이 바뀌기 시작했다. 일본에서는 늘 그 자리의 분위기를 파악하고 주변 사람 눈치를 보아야 하는데, 프랑스 사람은 타인에게 함부로 간섭하지 않아서 마음 편히 대할 수 있었다.

하지만 결코 다른 사람에게 냉담한 건 아니었다. 일본 사람인 나를 따뜻하게 맞아 주는 모습에 프랑스인은 타인에게 엄격하고 차갑다는 첫인상이 완전히 바뀌었다.

남편은 애니메이션을 아주 좋아해서 일본에 호의적이니 보통 프랑스 사람과는 조금 다를지도 모른다. 그럼에도 역시 프랑스인답다고 느낄 때가 종종 있다.

　　　　　　　　　　　　　　프랑스식 통잠 육아

물론 남편의 개성인 부분도 있어서 어디까지가 프랑스인의 특색인지 명확하게 구별하기는 어렵다. 이를테면 남편은 우리 부모님처럼 나이가 많은 사람에게도 자신의 의견을 뚜렷하게 표현한다. 아버지가 잘못된 말을 썼을 때 주저 없이 지적하는 모습을 보고 '아, 이 사람은 나이나 입장에 상관없이 대등한 위치에서 대화하는 사람이구나' 하고 감탄한 기억이 있다.

지금은 양성평등이 대개 보편적인 가치로 자리 잡았지만, 일본에서는 여전히 '여자니까 당연히 집안일을 해야 한다', '여자가 아이를 키워야 마땅하다' 같은 생각이 어딘가에 남아 있다. 하지만 나와 프랑스 사람인 남편 사이에는 그런 생각이 거의 존재하지 않는다.

육아에 대한 불안을
깨끗이 없애준 한 권의 책

프랑스 육아법을 접하게 된 계기 역시 남편의 프랑스 사람다운 면 때문이었다.

결혼할 때 남편은 한 가지 약속을 꼭 지켜달라고 당부했다.

"아이가 태어나도 잠은 함께 자지 않을 것."

이 말을 처음 들었을 때는 '문화가 다르니 어쩔 수 없지' 하고 가볍게 생각한 터라 그리 깊이 고민하지 않고 식을 올렸다.

하지만 큰딸을 가졌다는 사실을 알게 된 후에야 비로소 이 약속이 부부 관계와 육아에 큰 영향을 미치리라는 것을 깨달았다. 우리 집에 아기가 찾아온다는 기쁜 소식을 접했을 때 남편이 가장 먼저 한 일이 아이 방 만들 공간이 있는 집을 알아보는 것이었기 때문이다.

당시 나는 아이가 생겼다는 기쁨으로 충만한 한편, 육아라는 미지의 세계에 발을 들인다는 불안 또한 가득했다. 그래서 뭔가 도움이 되는 육아 정보를 찾기 위해 틈나는 대로 조사했다.

인터넷에서도 매일같이 육아 관련 정보를 검색했지만, 얻을 수 있는 정보는 누군가의 경험담 같은 주관적인 해결법이 대부분이었다.

아이 키우기가 고된 건 당연한 일일까? 힘들어도 엄마니까 꾹 참고 견뎌내야 하는 걸까? 인터넷을 계속 뒤지면서도 그다지 쓸모 있는 정보는 찾지 못하고 반쯤 체념한 듯한 기분을 느끼기 시

프랑스식 통잠 육아

작할 즈음이었다.

그때 마침 친구의 권유로 파멜라 드러커맨의 《프랑스 아이처럼》이라는 책을 읽었다.

《프랑스 아이처럼》은 프랑스에서 아이를 키우기 위해 분투하는 미국인 엄마가 프랑스인의 육아 비결을 파헤치는 내용으로 에세이처럼 술술 읽힌다. 육아 때문에 끊임없이 고뇌하던 저자가 주변에 있는 프랑스 사람들은 어째서 자기만큼 스트레스 받지 않고 아이를 키울 수 있는지 알아내기 위해 프랑스 육아의 비법을 찾아 나선다.

내게는 무엇보다 프랑스 아기들이 깨지 않고 밤새 잘 잔다는 부분이 가장 충격적이었다.

밤마다 힘겹게 아기를 재우고 갑자기 깨서 우는 아이를 달래는 것은 아이를 낳으면 누구나 거쳐야 할 길이라고 생각했지만, 그건 나의 고정관념에 지나지 않았다. 그뿐만 아니라 프랑스인의 육아에 관한 사고방식이 일본이나 다른 나라와 너무나 달라 놀랐다.

그 책에는 간단하고도 합리적인 프랑스인의 육아법이 담겨 있었는데, '엄마가 되면 고생길이 열리는 건 당연한 일'이라는 생각이 사실은 착각이며 그렇지 않은 길도 있음을 깨닫게 해 주었다.

"프랑스 사람이 할 수 있다면 나도 할 수 있겠지."

그런 마음으로 첫딸을 출산한 뒤부터 남편과 함께 프랑스 육
아를 실천하기 시작했다. 그중 첫걸음은 아기를 따로 재우는 것
이었다.

물론 우리 부부는 일본에 살기 때문에 프랑스 현지 육아와 완
전히 똑같이 할 수 없는 부분도 있었다. 그럴 때는 핵심만 골라
내서 우리에게 맞는 방식을 궁리했다.

그 결과 처음 해 보는 육아임에도 불구하고 생후 2개월쯤부터
첫째를 돌보기가 믿기 어려울 만큼 쉬워졌다. 특히 효과가 이렇게
나 빠르게 나타났다는 점에는 나도 남편도 감탄을 금치 못했다.

"이 방법이라면 아이 재우기나 밤마다 깨서 우는 아이 때문에
고민하는 엄마들을 도울 수 있어!"

나는 그런 확신을 가지고 주위 엄마들에게 프랑스의 수면교
육 비법을 권유했다. 하지만 안타깝게도 관심을 보이는 사람은
거의 없었다. 일본에서 이렇게 합리적인 육아가 널리 인정받기
어려울지도 모르겠다는 생각이 들어서 안타까웠지만 프랑스식
육아법을 전파하겠다는 마음을 잠시 내려놓을 수밖에 없었다.

프랑스식 통잠 육아

프랑스 육아를
널리 알리고 싶다는 마음

그럼에도 다시금 프랑스 육아의 장점을 알려야겠다고 결심한 것은 약 1년 뒤 연년생으로 둘째 딸이 태어났을 때였다. 일본의 주거 환경에서는 아이마다 방을 따로 마련해주기가 어려운데, 이 점은 우리 집도 마찬가지였다.

생후 1개월부터 엄마, 아빠와 떨어져 아이 방에서 잔 첫째와 달리 둘째를 위한 방을 따로 마련할 수 없었다. 그래서 부모와 한방에서 지내더라도 프랑스식 육아를 실천할 수 있을지 시험해 보기로 했다.

아이 방 대신 부부가 쓰는 침실에 아기침대를 두고 둘째를 재우기로 한 것이다.

엄마와 아이가 같은 방을 사용하기는 하지만, 아기침대로 둘째만을 위한 공간을 준비하고 기본적으로는 첫째와 동일한 방식으로 돌보았다.

그러자 첫째 때와 거의 같은 결과를 얻을 수 있었다. 첫째 딸이 그랬듯이 둘째도 생후 두 달이 지날 즈음부터 밤새 통잠을 자기 시작했다.

사람들이 특히 고되고 힘들다고 여기는 연년생 아기 육아를 프랑스식 육아 덕분에 놀랍도록 스트레스 없이 그리고 즐겁게 해낼 수 있었다. 이렇게 몸과 마음의 큰 부담 없이 아이를 키울 수 있다는 사실을 몸소 겪고 나서 확신했다.

"외국에서도 프랑스식 육아로 아이를 수월하게 키울 수 있다!"

육아 때문에 고민하는 엄마들에게 '프랑스식 육아'를 널리 전파해 그들의 몸과 마음을 뒷받침해 주고 싶다는 생각이 다시 한 번 끓어올랐다.

그렇게 굳게 마음먹고 2018년부터 육아 어드바이저로 활동하기 시작했다. 물론 지금까지 당연하다고 생각했던 육아 상식과 전혀 다른 부분도 있다 보니 받아들여지지 않을 때도 많아서 때로는 그야말로 가시밭길을 걷는 듯했다.

하지만 반대로 지금까지 해온 육아에 의구심을 느끼고 더 나은 방법을 고민하던 엄마들은 프랑스식 육아를 알게 되어 정말 다행이라고 기뻐했다.

엄마들의 행복한 목소리에 힘입어 지금도 프랑스식 육아를 더 널리 알리기 위해 열심히 활동하고 있다. 이 책에는 직접 프랑스식 육아를 실천하며 얻은 노하우를 모두 담았다. 한국은 일본과 환경도 상식도 유사하니 거의 모든 노하우를 그대로 적용해 큰 효과를 거둘 수 있을 것이다. 내가 행복한 육아를 손에 넣었듯이 이 책을 손에 든 독자 여러분도 프랑스식 육아로 조금이나마 육아가 즐겁고 수월해지기를 바란다.

프랑스 육아의
장점

부모, 아이, 모두가
자립하는 육아

내가 권하는 프랑스 육아에는 다음과 같이 다양한 장점이 있다.

- 0세부터 매일 아이 혼자서 잠드는 '셀프 자장자장'이 가능해진다.
- 아이를 재우느라 고생하지 않는다.

- 체내시계를 형성해 규칙적인 생활 리듬을 만들 수 있다.
- 자기 일을 스스로 할 줄 아는 아이가 된다.
- 부모와 아이 모두 여유가 생기고 자립하게 된다.
- 부모도 자신의 인생에 자신감이 생긴다.

프랑스 육아는 한마디로 '부모와 아이가 자립하는 육아'다.

수면교육 같은 실용적인 방법은 물론 아이를 키우는 방법 그리고 부모이자 한 사람으로서 주체적으로 살아가는 방법을 배울 수 있다.

아이 혼자서도 잘 자는 법, 생활 리듬 만드는 법 같은 실용적인 부분부터 육아에 관한 부모의 자세, 부모와 아이의 관계, 부모의 인생에 대한 마음가짐 등 다양한 요소가 담겨 있다.

즉, 프랑스식 육아란 프랑스 사람의 육아 방식을 통해 부모로서 '자신을 키우는' 과정이라 할 수 있다.

물론 지금까지 정답처럼 여겨왔던 육아와 크게 다른 부분도 많아서 맞는 사람, 잘 맞지 않는 사람이 있을지도 모른다. 하지만 부모, 아이의 몸과 마음에 부담이 되지 않고 모두가 행복하게 살 수 있는 육아법임에는 틀림없다.

> · 프랑스 육아의 장점 ·
>
> 1. 아기가 밤에 자주 깨서 울지 않고 재우기도 훨씬 편해진다.
> 2. 아이 혼자서도 통잠을 잘 수 있게 된다.
> 3. 밤 시간이 자유로워져서 부모의 부담이 줄어든다.
> 4. 아이의 자립심이 강해진다.
> 5. 부모도 자기 자신을 돌볼 여유가 생긴다.

'셀프 자장자장'과 '장시간 수면'이
부모와 아이를 행복하게 한다

프랑스 육아의 장점으로는 여러 가지를 꼽을 수 있지만, 출산 이후 부모가 가장 먼저 얻을 수 있는 물리적 효과는 바로 '수면'에 관한 부분이다.

아기가 이른 시기부터 혼자 힘으로 잠드는 '셀프 자장자장' 기술을 익히면 밤새 깨지 않고 일정 시간 동안 푹 잘 수 있게 된다. 이와 함께 더 많은 이점이 나타난다.

- 아기가 혼자서도 잘 자서 재우느라 애먹지 않아도 된다.
- 빠른 시기부터 7시간(이후 10시간) 통잠을 자서 부모와

아이 모두 질 좋은 수면을 충분히 취할 수 있다.

내 홈페이지에는 '1분 만에 아이 재우기'라는 문구를 내걸고 있지만, 실제로는 아기가 혼자 힘으로 잠들기 때문에 재우는 과정이 전혀 필요하지 않은 경우도 많다.

일본이나 한국 같은 여러 나라에서는 여전히 많은 엄마가 아이를 재우느라 고생하는 건 어쩔 수 없는 일이라고 반쯤 체념하고 있다.

수유를 하고, 자장가를 부르고, 안아 들고, 토닥토닥 끝도 없이 아이를 도닥이고…….

체력은 제대로 회복하지도 못했건만 출산 직후부터 수면 부족에 시달리며 매일 밤 아기를 재우느라 분투하다 보면 몸의 피로가 풀리기는커녕 마음도 점점 지쳐 간다.

"밤새 두 시간 간격으로 수유를 하느라 제대로 못 쉬어서 녹초가 됐어요."

"아이가 잠들 때까지 계속 자장가를 불렀죠."

"자꾸 깨서 우는 바람에 거의 밤새도록 안고 있었어요."

"남편과 교대로 밤새 아이를 돌봤어요."

이런 이야기도 전혀 드물지 않다. 아이의 수면에 관한 고민은 출산 직후부터 길면 아이가 서너 살이 되도록 이어지기도 한다.

만약 아이가 이른 시기부터 수월하게 잠자리에 들고 자주 깨지 않고 오래 수면을 취해 준다면 어떨까?

부모는 몸과 마음의 부담이 크게 줄어들 것이다. 그리고 거기서 끝나지 않고 더 많은 효과가 부모와 아이 모두에게 나타난다.

- 엄마도 충분히 쉴 수 있어서 출산으로 인한 피로를 푸는 데 도움이 된다.
- 아기가 잠든 뒤 혼자만의 시간이나 부부를 위한 시간을 가질 수 있다.
- 피로가 쌓이지 않아 낮 동안 아이에게 온전히 집중할 수 있다.
- 아이도 질 좋은 수면을 취해 기분 좋게 낮 시간을 보낼 수 있다.

아이에게도 어른에게도 도움이 되니 그야말로 모두에게 이로운 셈이다.

프랑스식 통잠 육아

규칙적인
생활 리듬이 생긴다

프랑스 육아에서는 일정한 수면시간을 확보하기 위해 낮 동안 규칙적인 생활을 하기 때문에 '체내시계와 생활 리듬을 만들 수 있다'는 장점도 있다.

생활 리듬을 규칙적으로 유지하면 심신이 건강해질 뿐만 아니라, 아기의 생활 리듬을 파악해 상황을 예측할 수 있어서 육아가 한층 더 편해진다.

그러면 이런 일들도 가능해진다.

- 그날그날 계획을 세우기가 쉬워진다.
- 아기의 생활 리듬에 맞추어 외출이 수월해진다.
- 아이의 상태를 예측할 수 있으니 필요한 것을 미리 준비할 수 있다.

이를테면 외출을 할 때도 '12시 점심밥, 13시부터 낮잠 자는 시간'처럼 행동 패턴을 알고 있으면 부모와 아이의 일과를 계획하기가 쉬워진다.

예방접종 등 중요한 일정이 있을 때도 아기의 기분이나 컨디션이 좋은 시간대를 골라서 외출할 수 있다.

"언제 울음을 터뜨릴지 모르니 웬만하면 지하철은 타고 싶지 않아요."

"친구와 점심 한 끼 같이 먹기도 힘들어요."

이런 고민도 아이의 리듬을 파악해서 아기가 비교적 기분 좋은 시간대에 나간다든지, 낮잠 시간에 나가서 아기를 유모차에 재우며 식사한다든지, 여러 방법을 선택해 해결할 수 있으니 스트레스도 훨씬 줄어든다.

또한 프랑스에서는 대부분 아기가 잠자리에 들기 전 모유 대신 분유를 먹인다. 아기가 분유도 가리지 않고 잘 먹고 혼자서도 문제없이 잠든다면, 엄마 대신 다른 사람이 아기를 돌보기 수월해지므로 다른 사람에게 큰 걱정 없이 아기를 맡길 수 있다는 것도 큰 장점이다.

물론 완전한 모유 수유를 원한다면 모유로도 프랑스식 육아가 가능하지만, 일반적으로 긴 시간 수면을 취하는 데는 분유가 좀 더 적합하다.

"모유가 아니면 울음을 안 멈춰요."

"엄마가 옆에 없으면 잠을 안 자요."

이런 고민이 사라져서 남편이나 할아버지, 할머니, 베이비시터나 어린이집 보육 교사 등 아기를 돌봐야 하는 사람의 어깨도 한결 가벼워진다. 그리고 부담이 줄어드는 만큼 엄마도 아이를 맡기기가 쉬워진다.

지금까지는 프랑스 육아를 통해 짧은 시간 안에 얻을 수 있는 물리적 이점들을 살펴보았다.
사실 언뜻 보아서는 눈에 띄지 않지만, 아이의 인생을 좌우할 만한 더 중대한 효과도 얻을 수 있다.

바로 '스스로 생각하는 주체적인 아이로 자라는' 것이다.

프랑스 육아에서는 어린 나이부터 아이만을 위한 방이나 개인 공간을 마련해 아이 혼자서 시간을 보낼 수 있는 환경을 만들어준다.
그리고 하나부터 열까지 일일이 다 해주기보다는 무엇이 아이에게 필요한지 지켜보고 판단하며 보살피기 때문에 아이도 부모가 뭐든 알아서 해줄 것이라 여기지 않아 자립심이 강해진다.

이 점은 부모 또한 마찬가지다. 아이를 낳은 후에도 변함없이 '누군가의 엄마'가 아니라 한 사람으로서 자신을 바라볼 수 있으므로 인생에 관한 마음가짐도 행동도 달라진다.

프랑스식 통잠 육아

프랑스식 육아가 잘 맞는 사람,
맞지 않는 사람

"장점이 많은 건 알겠지만, 우리나라에서도 정말 프랑스식으로 육아할 수 있을까?"

여기까지 읽고 나서 문득 이런 궁금증이 들었을지도 모른다.

하지만 프랑스가 아니기에 더 많은 사람이 프랑스식 육아를 시도해보았으면 한다.

내가 아이를 낳고 가장 놀랐던 점은 요즘 시대에도 여전히 과학적인 근거가 없는, 그저 오래전부터 전해 내려온 '육아의 신화' 같은 것이 뿌리 깊게 남아 있다는 사실이었다.

그리고 그런 신화가 때때로 엄마들에게 무거운 짐이 되고 있다.

'육아의 신화'로는 예컨대 이런 것들이 있다.

- 적어도 세 살까지는 엄마가 아이 옆에 꼭 붙어 있어야 한다.
- 배 아파서 낳은 아이가 더 사랑스럽다.
- 아이에게는 뭐든 품을 들여 손수 만들어주어야 좋다.
- 아기는 모유만 먹여 키워야 한다.
- 부모가 되면 당연히 아이를 최우선으로 삼아야 한다.
- 아이를 키울 때 수면 부족은 어쩔 수 없는 법. 하지만 지나고 보면 눈 깜짝할 사이다.

마치 진실인 양 말하지만, 알고 보면 명확한 근거도 없는 말들이 여전히 그대로 남아 있다. 이런 말들이 친부모나 시부모, 친척이나 이웃 어른들, 먼저 아이를 낳아 키운 선배 세대들뿐만 아니라 때로는 거의 같은 세대 엄마들의 입에서도 나온다.

집에서 육아와 살림에 전념하는 여성이 많았던 시대라면 어떨지 모르겠지만, 지금은 많은 여성이 임신 중에도 출산 후에도 일을 멈추지 않고 육아와 일을 병행해야 하는 시대다. 일하는 여성이 해마다 늘고, 아이를 낳은 뒤 얼마 지나지 않아 다시 일에 뛰어드는 사람도 적지 않다.

그럼에도 오래전부터 전해 내려온 낡은 육아의 신화가 깊이 뿌리를 내리고 매일매일 육아와 씨름하는 엄마들의 앞을 가로막는다.

프랑스식 육아는 이런 거추장스러운 장벽을 없애 준다.

아이를 키우는 모든 사람에게 프랑스식 육아를 권하고 싶은 이유다. 그중에서도 다음 항목에 해당하는 사람이라면 반드시 주목해주었으면 한다.

프랑스식 육아가
잘 맞는 사람

- 합리적인 육아를 원하는 사람
- 되도록 스트레스를 덜 받으며 아이를 키우고 싶은 사람
- 아이를 낳은 후에도 수면시간을 확보하고 싶은 사람
- 출산 후 일 때문에 다른 사람에게 아이를 자주 맡겨야 하는 사람

- 아이의 자립을 중시하는 사람
- 아이가 생긴 후에도 나만의 시간을 가지고 싶은 사람
- 아이 키우기 바쁜 시기에도 '엄마'가 아닌 나 자신이고 싶은 사람
- 부부 관계가 '엄마, 아빠' 중심이 되지 않기를 바라는 사람

아이를 낳아 엄마가 되어도 나답게 살기를 바라는 사람, 아이를 키우는 동안에도 돈을 벌거나 육아 이외에 다른 일을 할 여유가 있었으면 하는 요즘 엄마들에게 프랑스식 육아는 강력한 지원군이 되어 준다.

프랑스식 육아가
잘 맞지 않는 사람

자신을 다소 희생하더라도 아이 위주로 생활하고 싶은 사람

일본이나 한국 같은 나라에서는 아이가 부모 품에서 떨어지지 않는 밀착 육아가 오래전부터 이어져 왔다.

부모 또한 그런 방식으로 자랐다면 기존의 방식에서 벗어나기가 몹시 어려울 것이다. 이런 밀착 육아가 익숙한 사람에게는

프랑스식 육아가 잘 맞지 않을지도 모른다.

육아에 관한 강한 신념이 있어서
다른 육아법을 시도하는 것이 괴롭게 느껴지는 사람

완전 모유 수유(완모)로 키우겠다, 꼭 아기와 함께 자야 한다, 엄마로서 아기에 관한 일은 모두 직접 하고 싶다. 이런 확고한 생각을 가진 사람은 앞으로 소개할 프랑스 육아의 요소들 가운데 많은 부분을 받아들이기 힘들지도 모른다.

완모를 유지하면서도 프랑스 육아를 할 수 있지만, 일반적으로는 프랑스 엄마들처럼 혼합 수유나 분유 수유를 택해야 프랑스식 육아를 수월하게 할 수 있다.

아기를 조금도 울리고 싶지 않은 사람

프랑스식 육아에서는 수면교육을 처음 시작하는 단계에서 아기를 일정 기간 동안 울게 놔두어야 할 때가 있다. 이런 과정이 지나치게 마음에 부담이 되거나 힘든 사람은 프랑스식 육아가 맞지 않을지도 모른다.

평소 육아 지도를 하다 보면 엄마들의 다양한 고민을 접하게 된다. 육아는 처음이지만 일과 아이 모두를 지키고 싶은 여성,

큰아이가 잠을 자지 않아 고생했으니 둘째 때는 수면교육으로
아이를 잘 재우고 싶은 여성 등 그들의 고민은 각양각색이다.

하지만 프랑스식 육아는 결코 어렵지 않다.

가장 중요한 것은 마음가짐과 사고방식의 작은 변화다.

첫아이를 기다리는 부모는 물론 이미 아이를 키우고 있는 사
람도 꼭 프랑스식 육아에 도전해 보기를 바란다.

프랑스식 통잠 육아

1부

◆ 1장 ◆

프랑스 유아는
뭐가 다를까?

프랑스에는 '밤에 깨서 운다'는 말이
존재하지 않는다

"아기가 밤마다 심하게 울어서 잠을 못 자요."

갓난아기가 있는 집에서 흔히들 하는 고민이다. 반대로 아기가 밤새 곤히 잘 자서 엄마, 아빠도 숙면을 취한다는 집은 드물 정도다.

아기는 밤에 자다가 별다른 이유 없이 갑자기 울음을 터뜨리기도 하고 이런 상태가 며칠이나 지속될 때도 있다. 일본에는 밤중에 자지 않고 우는 것을 가리키는 '요나키夜泣き'라는 단어가 따로 있을 정도다. 콘텐츠와 헬스케어를 다루는 일본 회사 MTI가 2015년 조사한 바에 따르면 잠투정이 심한 아기는 대부분 평균

6개월에서 13개월 무렵까지 약 반년 동안 밤마다 울음을 터뜨린다고 한다. 잠투정이 심한 아기의 부모들 가운데 60%에 이르는 사람이 수면 부족으로 고생한다는 사실도 같은 조사에서 밝혀졌다.

낮 동안 육아나 일을 하느라 바빠 녹초가 되었는데 밤에도 푹 자고 회복하지 못하니 아무리 아기가 사랑스러워도 하루하루가 괴롭지 않을 리 없다.

"밤새 몇 번이나 안고 달래줬어요."

"한밤중에 아이를 안고 나가서 돌아다니며 재웠어요."

"아기가 너무 잠을 안 자서 저도 매일 밤잠이 부족하죠."

"너무 금방 깨서 한 시간마다 수유해야 해요."

자지 않는 아이 때문에 걱정하는 부모가 적지 않다 보니 최근 일본 병원에서는 이에 대처하기 위해 '잠투정 외래' 같은 전문 진료 분야까지 만들었다.

이처럼 밤마다 우는 아이는 영유아 부모의 심각한 걱정거리 중 하나이지만, 프랑스에는 일본과 달리 '밤에 깨서 우는 것'을 나타내는 단어 자체가 존재하지 않는다.

프랑스식 통잠 육아

'밤에 울다'라는 뜻을 '플뢰레 라 뉘pleurer la nuit'라는 말로 표현할 수는 있지만, 뉘앙스는 일본의 단어와 조금 다르다.

단어 하나하나 따로 떼서 살펴보면 Pleurer는 '울다', la는 영어의 'the'에 해당하는 관사, nuit는 '밤'을 뜻하니 말 그대로 '밤에 울다'라는 뜻이지만, 일본에서 쓰는 '요나키'라는 말처럼 골치 아픈 문제를 가리키는 뉘앙스로 쓰이는 경우는 거의 없다.

이렇게 두 말의 뉘앙스가 다른 이유는 한쪽은 아기가 밤에 우는 것을 '일시적이니 문제가 되지 않는다'고 보고 한쪽은 '오랫동안 지속되어 문제가 된다'고 보기 때문일 것이다.

'요나키'는 원인을 알 수 없는 데다 여러 달에 걸쳐 이어져(길면 1년 이상) 부모를 걱정하게 하는 문제인 반면, '플뢰레 라 뉘'는 아이가 성장하는 과정에서 추측 가능한 원인에 의해 일시적으로 나타나는 현상이라는 뉘앙스로 사용한다.

'플뢰레 라 뉘'는 아기가 정신적으로 크게 성장하는 시기에 가장 많이 나타난다. 주로 '원더 윅스The Wonder Weeks'라 부르는 이 시기에 아기는 급격한 정신적 도약을 이루는데, 생후 20개월 사이 열 번에 걸쳐 찾아온다.

그 밖에 다른 원인으로는 잘 때 뒤척이다가 자세가 불편해지거나 침대 프레임에 부딪혀 놀라는 경우 등이 있다. 또는 생후

6개월 이후 이가 나기 시작하면서 잇몸이 간지럽고 쑤시는 이앓이가 울음의 원인이 되기도 한다.

'이 시기에는 이런저런 이유로 울기 마련'이라고 일시적인 현상으로 받아들이고 우는 이유도 짐작할 수 있기 때문에 프랑스 부모에게는 밤중에 아이가 울어도 심각한 걱정거리가 되지 않는 것이다.

다시 말해, 프랑스에서는 밤마다 우는 아이 때문에 지나치게 걱정하지 않아서 일본과 달리 '밤에 깨서 운다'는 단어를 별로 쓸 일이 없었는지도 모른다.

그렇다면 프랑스 부모들은 왜 밤에 우는 아이 때문에 고민하지 않고 다른 나라의 부모들은 골머리를 앓는 것일까?

아기가 갓 태어났을 때는 어느 쪽이든 질 좋은 수면을 온전히 취하기는 어렵다. 하지만 생후 4개월 정도가 지나는 사이 프랑스 아기들은 대부분 아침까지 통잠을 잘 수 있게 된다.

프랑스에서는 아이가 생후 6개월이 되어서도 오래 자지 못하면 전문가에게 상담을 받고 잠자는 연습을 해야 한다고 여긴다.

반면 다른 나라에서는 출산 이후 많은 부모가 수시로 깨어나 칭얼대는 아이를 달래느라 고생하고, 수면 고민이 오랜 기간 이어지기도 한다. 그러면서도 이런 상황을 흔한 일로 여기고 힘들

긴 하지만 버티는 수밖에 없다고 생각하는 경향이 있다.

프랑스 육아의 관점에서는 아기가 밤에 잘 자는지의 여부는 출산 이후 아기를 어떻게 대하느냐에 달려 있다고 본다.

아이가 부모에게
맞춘다는 사고방식

아기를 대하는 방식은 어른이 갓 태어난 아기를 어떤 시선으로 바라보느냐에 따라 달라진다.

일본에서 아이를 키우기 시작했을 때, 남편은 일본 부모들이 아기를 모든 생활의 중심에 둔다는 사실에 놀라움을 감추지 못했다.

프랑스 사람인 남편이 보기에 일본인은 아기에게 모든 것을 맞추려 드는 지나치게 희생적인 부모인 모양이다.

이런 차이가 생긴 원인을 짚어나가다 보면 '아이를 어떤 존재로 대하는가'라는 근본적인 질문에 다다른다. 간단히 정리하면 이런 내용이다.

일반적인 부모들

아기는 '순진무구한' 존재.

→ 어른이 먼저 나서서 아기를 돕고 보호해야 한다.

→ 아기가 울면 이유가 뭐든 울게 놔두어서는 안 되니 일단 달
래서 울음을 멈추게 한다. 그리고 아이가 울지 않도록 미리
미리 대비한다.

프랑스 부모들

아기는 '무지하지만 학습 능력을 갖고 태어난' 존재.

→ 아기는 인생을 살아가는 데 필요한 것들을 배워 어른이
되어야 한다.

→ 어른은 아기가 배울 수 있는 환경을 만들어주어야 한다. 아
기가 울면 먼저 상황을 살피고 어른이 어떻게 대응해야 할
지 판단한다.

사람들은 대부분 아기를 '순진무구한 존재'로 여긴다. 따라서
아기는 어른이 곁에서 지켜주지 않으면 아무것도 하지 못한다고
생각한다. 아기가 울면 요구를 들어주기 위해 안거나 어르고 달
래며 울음을 그칠 때까지 아이에게 온 신경을 쏟는다.

보통 사람들에게 아기는 순수하고 때 묻지 않은 존재이기에

• 아기에 대한 인식의 차이 •

일반적인 부모들

아기 = 무구한 존재

- 아기는 아무것도 할 줄 모른다.
- 옆에서 도와주고 보호해야 한다.
- 되도록 울지 않게 해야 한다.
- 울지 않도록 미리 챙겨주어야 한다.

프랑스 부모들

아기 = 무지한 존재

- 아기 때부터 조금씩 배워나가야 한다.
- 어른은 아기가 학습할 수 있는 환경을 만들어야 한다.
- 아기가 울더라도 배우는 기간이라고 생각한다.
- 아기가 울면 상태를 관찰해서 어떻게 해야 할지 판단한다.

많은 부모가 이런 생각을 품는다.

'어른이 없으면 아무것도 못 하니까 아기 중심으로 생활하는 수밖에.'

'아기가 원하는 건 되도록 다 들어줘야지.'

'가능한 한 아기의 생활 방식에 맞춰야 해.'

하지만 프랑스 사람들은 아기를 '무지한 존재'로 여긴다. 그와 동시에 아기가 학습 능력을 갖춘 존재라는 점을 분명히 알고 있다.

아기가 성장하려면 태어난 지 얼마 되지 않았더라도 배우고 익히기 시작해야 한다. 따라서 부모의 역할은 아기가 올바르게 학습할 수 있는 환경을 마련하는 것 그리고 배울 기회를 주는 것이다.

아기가 먼저
배워야 하는 것

그렇다면 프랑스 사람들은 갓 태어난 아기가 무엇을 배워야 한다고 생각할까?

첫째는 몸과 마음의 건강을 지키는 '규칙적인 생활 리듬'이다.

그리고 둘째는 규칙적인 생활을 하는 데 필요한 힘이다. 자기 힘으로 원활하게 잠들어 건강하게 성장하는 데 필요한 시간만큼 수면을 취하는 기술, 바로 '셀프 자장자장'이다.

프랑스 사람들은 아기가 태어나자마자 이 두 가지를 배워야 한다고 생각한다.

아기는 낮과 밤을 알지 못하고 물론 시계도 읽을 줄 모른다. 부모가 적절한 환경을 조성해 학습할 수 있도록 도와주어야만 이를 익힐 수 있다.

반대로 부모가 알맞은 환경을 조성하지 못하면 들쑥날쑥한 생활 리듬이 몸에 익어 수면이 부족해지고 컨디션도 나빠질뿐더러 건강을 해치는 결과로도 이어질 수 있다.

오늘날만큼 전기에 의존하며 생활하지 않았던 과거에는 성인 도 일찍 자고 일찍 일어나는 사회였기 때문에 굳이 가르치지 않 더라도 아기의 체내시계가 자연히 발달했다.

하지만 태양의 움직임과 동떨어진 올빼미형 생활이 낯설지 않은 현대 사회에서는 그냥 내버려 두어서는 아기의 체내시계가 올바르게 발달하기 어렵다.

과거와 달리 주위에 있는 어른이 이 점을 염두에 두고 매일

일상생활에서 아기에게 규칙적인 생활 리듬을 학습할 기회를 만들어 주어야 한다.

프랑스 사람들은 체내시계와 규칙적인 생활 리듬의 중요성을 이해하고 일상생활 속에서 아기에게 가르치고 있는 셈이다.

프랑스 사람은 아기의 잠도
학습이자 연습이라고 생각한다

프랑스에서는 아기를 재우는 일도 하나의 '연습'이라고 생각한다. 잘 시간이 되면 스스로 잠들고 밤중에 깨어나더라도 다시 자기 힘으로 자는 힘을 기르기 위한 연습.

갓 태어난 아기에게 연습을 하게 하다니 보통 부모들은 생각조차 어려울지도 모른다. 유아 정도 된다면 모를까, 갓난아이에게 뭔가를 참으라고 말하는 부모도 많지 않을 것이다.

하지만 프랑스 육아에서는 그저 아기가 원하는 것만 요구하게 두기보다는 어른이 되기 위해 익혀야 할 것들을 조금씩 알려준다.

조금 다른 이야기지만, 앞서 소개한 《프랑스 아이처럼》이라는 책에서 특히 공감이 갔던 부분은 "아이를 행복하게 하는 가장 좋은 방법은 좌절감을 주는 것"이라는 내용이었다. 좌절을 안겨 주면 아이는 좌절을 견뎌내는 힘을 기를 수 있다.

욕구와 욕망을 자제하는 힘을 길러야 더 행복하고 역경에 강한 사람이 된다는 것이다.

배가 고프다고 울며불며 떼쓰는 아이보다는 역시 조금 배가 고프더라도 기분 좋게 기다릴 줄 아는 아이가 다가올 인생 또한 더 행복하게 살아갈 수 있지 않을까?

임신했을 때 프랑스 부모들이
서둘러 준비하는 것

"아이가 태어나도 잠은 함께 자지 않을 것."

결혼 전 남편과 어떤 약속을 했었는지는 서장에서 이미 이야기했다. 프랑스인인 남편에게 '아이는 아이 방에서, 부부는 부부끼리'만큼은 절대 양보할 수 없는 철칙이었다.

그때는 깊이 생각하지 않고 고개를 끄덕였지만, 정말 첫딸을 임신하자마자 바로 아이 방부터 준비하기 시작한 남편을 보고 커다란 문화적 충격을 받았다.

당시 우리 부부는 도쿄에 살고 있었고 그 집에는 아이 방을 새로 만들 공간이 없었기 때문에 이사를 해야만 방을 마련할 수

프랑스식 통잠 육아

있었다.

그래서 살 집을 새로 알아볼 시간이 필요하다는 사실 자체는
이해하고 있었다. 하지만 아직 첫아이가 배 속에 있는 시기부터
서둘러 아이 방을 준비해야겠다고는 생각해 본 적이 없었던 터
라, 남편의 이런 행동을 보고서야 비로소 결혼 전에 했던 약속의
무게를 깨달았다.

결국 우리는 아이 방을 만들 수 있는 집을 찾아 가나가와현으
로 이사하기로 결정했다. 프랑스에서도 커플에게 아이가 생기면
아이 방을 만들 수 있는 주거 환경을 갖추기 위해 도심을 떠나
교외 등으로 이사를 가는 경우가 적지 않다.

남편도 어린 시절 형제가 늘어날 때마다 더 넓은 집으로 이사
를 갔는데, 형제가 둘 있는 남편은 두 번의 이사를 경험했다고
한다.

다른 나라에서도 가족의 상황에 따라 더 넓은 집으로 옮겨 가
는 경우가 많지만, 프랑스와 다른 점은 이사를 생각하는 타이밍
이다.

일본에서는 보통 '아이가 유치원이나 학교에 들어갈 때'처럼
특정한 시기를 기준으로 이사를 고민하기 시작한다. 아이가 어

느 정도 자라고 나서야 '슬슬 아이 방이 필요하려나? 어떻게 하면 좋을까?' 하고 고민하는 부모도 많다.

하지만 프랑스에서는 많은 사람이 '출산=아이 방 준비'라고 생각한다. 아기가 태어난다는 사실을 알게 된 순간 빠르게 준비를 시작하는 것이다.

실제로 처음 임신 사실을 알았을 때 프랑스 병원에서 나눠 주는 책자에는 엄마, 아빠가 준비해야 할 것들 중 하나로 '아이 방'이 적혀 있었다.

프랑스 부모가 아이 방을
따로 마련하는 세 가지 이유

왜 프랑스 사람들은 아주 이른 시기부터 아이 방을 준비할까? 그 이유는 세 가지를 들 수 있다.

첫 번째는 아이를 하나의 독립된 인격체로 보아 아무리 어린 아이라 할지라도 사적인 영역을 침범하지 않고 존중하기 때문이다.

아이 방은 곧 아이만을 위한 장소. 그러므로 아이가 마음 놓고 편안하게 지낼 수 있는 공간이 되도록 고려해서 만든다.

아이 방은 아이가 안심할 수 있는 장소인 동시에 아이를 자립으로 이끌어 주는 공간이기도 하다. 아이 혼자만을 위한 방을 마련해 주어 자립심을 키워줄 수 있다. 형제가 많아서 아이마다 방을 따로 마련하기 어려운 상황이더라도 칸막이나 커튼 등으로 아이들에게 개인 공간을 만들어줄 수 있다.

아이는 자신만을 위한 공간에서 혼자 시간을 보내며 어른의 손길이 적게 닿는 환경에서 자기 힘으로 살아갈 준비를 시작한다.

두 번째 이유는 프랑스 사람이 부부나 파트너 같은 커플의 관계를 매우 중시하기 때문이다.

남편은 "부부라면 꼭 함께 자야지", "한 이불 덮고 자지 않으면 함께하는 의미가 없지 않을까?"라고 말한다. 이런 인식은 프랑스 사람들이 공통적으로 가지고 있는 생각이다.

남편은 일본 애니메이션을 아주 좋아하지만, 부부가 각각 다른 이불에서 자거나 아이를 사이에 두고 모여 자는 장면만은 도무지 이해할 수 없다고 한다.

애초에 프랑스와 일본은 문화가 매우 다른 데다, 프랑스 사람에게 부부의 침대란 남녀의 사랑을 키우는 장소이자 둘만을 위한 소중한 공간이다.

자식에게도 확실히 경계선을 그어 둔다는 점이 그야말로 사생활을 중시하고 개인을 존중하는 프랑스인답다. 프라이버시를 지켜야 하는 부부의 침실은 아무리 어여쁜 내 아이라 할지라도 함부로 발을 들여서는 안 되는 성역인 셈이다.

그래서 프랑스 아이들은 어릴 때부터 이렇게 교육받는다.

"부모님 침실에 마음대로 들어가면 안 돼."
"들어갈 때는 반드시 노크해야 한단다."

프랑스 부모가 아이와 함께 잘 때는 대부분 아이가 아파서 잠시 돌봄이 필요한 경우처럼 특별한 이유가 있을 때뿐이다.

일반적으로는 엄마와 아이가 같은 방에서 지내는 것을 당연하게 여기는 경향이 있지만, 프랑스 사람은 엄마가 장기간 아이와 함께 자거나 온 가족이 함께 자는 상황을 이해하지 못한다.

세 번째 이유는 프랑스 사람들이 수면을 중요하게 여기고 편안하게 잘 수 있는 환경을 조성하는 데 많은 관심을 기울이기 때문이다.

프랑스에서는 부모와 아이의 침실을 따로 나누면 어른도 아

프랑스식 통잠 육아

이도 방해 받지 않고 질 좋은 수면을 취할 수 있다고 생각한다.

2, 3장에서 자세히 다루겠지만, 캄캄하고 조용한 환경은 양질의 수면을 취하는 데 도움이 된다. 프랑스 사람은 이렇게 적절한 수면 환경을 조성해 아기에게 숙면을 안겨주는 일이 부모의 의무라고 본다.

아기가 어른과 함께 자다 보면 어른이 내는 소리, 빛, 접촉 등이 아기의 잠을 방해하기도 한다. 아기를 자기 방에서 혼자 재우는 것은 아기의 조용한 수면 환경을 지키는 일이기도 하다.

물론 어른도 아기에게 방해받지 않고 깊은 잠을 잘 수 있다.

'이렇게 이른 시기부터 아기를 혼자 재우다니!' 하고 놀랄지도 모르지만, 프랑스 사람들은 아기 때부터 자기 방에서 혼자 자는 습관이 어른에게도 아이에게도 여러 면에서 이롭다고 생각한다.

프랑스 부모는
아이와 함께 자지 않는다

프랑스 아기들은 언제부터 자기 방에서 혼자 자기 시작할까? 빠른 경우는 병원에서 돌아온 직후부터 아기를 아이 방에서 따로 재운다. 그리고 출산 후 다시 일에 복귀하는 시기에 아기의 잠자리를 아이 방으로 옮기는 부모도 많다.

여성의 취업률이 높은 프랑스는 출산 이후 2개월 반에서 3개월 만에 일을 다시 시작하는 사람도 적지 않아서 직장에 복귀할 때 수면시간을 충분히 확보하고자 한다. 그래서 많은 부모가 이 타이밍에 침실을 분리해 숙면을 취할 수 있는 환경을 조성한다.

나는 딸이 셋 있는데, 여러 사정 때문에 아이마다 각기 다른 시기에 잠자리를 아이 방으로 옮겨야 했다.

그럼에도 세 아이 모두 생후 2개월에서 3개월 사이에 혼자 힘으로 잠드는 '셀프 자장자장'을 익히고 아침까지 통잠을 자기 시작했다.

- 첫째 딸 생후 1개월부터 아이 방에서 따로 재움(생후 한 달 동안은 육아를 도와주러 온 친정엄마가 아이 방을 사용함).
- 둘째 딸 11개월 때 첫째가 쓰는 아이 방으로 잠자리를 옮김 (그 전까지는 부부 침실에 아기침대를 두고 재움).
- 셋째 딸 생후 1년이 되었을 때 아이 방으로 옮김(그 전까지는 둘째와 동일하게 부부 침실에 아기침대를 두고 재움).

"어? 결국 아이랑 같이 잔 거 아닌가?" 하는 의문이 들지도 모른다. 그렇다. 아무리 남편이 강하게 원해도 일본의 각박한 주거 환경에서는 아이 방을 완전히 분리하기가 쉽지 않았다.

지금 우리 집에서 마련할 수 있는 아이 방은 딱 하나. 첫째의 숙면을 유지해주려면 둘째와 셋째는 생후 1년 가까이 부부 침실에 아기침대를 두고 재울 수밖에 없었다.

하지만 아기침대에서 잔 둘째와 셋째 또한 수면에는 첫째와

큰 차이가 없었다. 물론 남편은 계속 구시렁구시렁 불평했지
만······.

이처럼 프랑스와 환경이 많이 다르더라도 각자의 사정에 맞
춰 프랑스 육아를 적용할 수 있다.

아기 혼자 자는 것은
아기를 위한 일

다시 앞으로 돌아가 보자. 프랑스에서는 병원에서 돌아오자
마자 아기를 아이 방에서 따로 재우는 집도 결코 드물지 않다.

이런 말을 들으면 '그렇게 작은 아기를 혼자 자게 해도 괜찮
을까?' 걱정이 되기도 한다.

나도 처음에는 조금 불안했다. 하지만 침실을 분리한다 해도
어지간히 호화로운 집이 아니고서야 아기 울음소리 정도는 잘 들
린다. 첫째를 키울 때 막상 딸을 아이 방에 재우고 보니 거실이
나 부부 침실까지 울음소리가 들려서 불안이 깨끗이 사라졌다.

프랑스 육아를 배우기 위해 찾아오는 사람들 중에는 아무리
해도 불안하다며 베이비캠을 사용하는 부모도 있다. 나도 셋째
가 태어났을 때는 방이 1층과 2층으로 나뉘어 있어서 베이비캠

을 구입해 사용했다.

프랑스 사람은 대부분 아기를 혼자서 재우는 것이 위험하다고 생각하지 않는다.

아기침대를 설치해 안심하고 잘 수 있는 환경을 만들면 아기를 방에 혼자 두어도 전혀 문제가 없다고 보기 때문이다.

아기는 어른과 함께 자야 한다는 고정관념이 있으면 아기를 혼자 재우기가 두려워지지만, 안전한 환경을 만들었으니 괜찮다고 생각하면 생각보다 불안하지 않다.*

오히려 아기침대는 아이의 안전을 고려해 만들었기 때문에 전문가들도 아기침대와 아기 전용 침구를 사용하라고 권한다.

프랑스 사람들에게는 아기의 안전을 생각해 제작한 침대나 침구에서 아기 혼자 자는 대신, 아기를 고려하지 않고 만든 성인용 침대와 이불에서 커다란 어른과 함께 자는 광경이 더 위험해 보일 것이다.

• 영아돌연사증후군(SIDS)이나 질식 같은 사고를 방지하기 위해 일본 후생노동성은 다음과 같은 주의사항을 강조했다.
 - 아기침대에 재우고 난간은 항상 세워두자.
 - 요와 매트리스와 베개는 단단한 것, 덮는 이불은 가벼운 것을 사용하자.
 - 입과 코를 덮을 수 있는 물건, 목에 감길 수 있는 물건은 곁에 두지 말자.

어른이 잠을 자는 환경에서 아기를 바로 옆에 두고 자면, 자다가 바로 수유를 할 수 있어 어른에게 편리하고 부모와 아이가 밀착해 안정감을 얻기 쉽다는 장점이 있지만 성인용 침구가 아기의 숨통을 막거나 어른이 잠결에 신체 일부로 아기를 압박할 위험도 있다.

프랑스식 통잠 육아

아기가 운다고
바로 안아주어서는 안 된다

지금까지 프랑스 부모가 아기를 혼자 재우는 이유를 살펴보았는데, 처음에는 정말 이래도 되는지 다소 망설여질지도 모른다.

그뿐만 아니라 프랑스 육아를 처음 접할 때 부모를 주저하게 만드는 또 다른 부분이 있다.

'아기가 울어도 바로 안아주어서는 안 된다'는 점이다.

갓난아이를 둔 엄마, 아빠는 아기가 울음을 터뜨리면 대부분 우선 안고 어르거나 젖을 주려 한다.

하지만 프랑스 부모는 그렇게 하지 않는다. 이렇게 말하면

"울어도 안아주지 않는다니 학대 아닌가?" 하고 지레짐작할지도 모른다.

프랑스 부모들이 우는 아기에게 아무것도 하지 않는다는 뜻은 절대 아니다. 아기가 울 때 프랑스 사람들이 가장 먼저 하는 것은 '잠깐 기다리기'다.

물론 아기의 건강에 문제가 생겼을 때나 아기 상태가 평소와 명백히 다를 때는 바로 안아서 울음을 그칠 때까지 달래준다. 이 점은 전 세계의 모든 부모와 동일하다.

그러나 아기의 '울음소리'가 평소와 특별히 다르지 않고 긴급한 문제가 느껴지지 않는다면, 프랑스 사람은 먼저 멈추고 '잠깐 기다린다'.

그리고 그렇게 기다리는 동안 '아기를 관찰'해서 아기가 우는 원인을 파악하고 이에 적합한 대응을 한다.

자세한 내용은 3장에서 소개하겠지만, 아기가 우는 이유는 아주 다양하다(130쪽 참조).

어떤 이유로 우는지 판별하지 않고 바로 아기를 안아주면 아기는 바람직하지 못한 행동을 학습하게 된다.

"울면 어른이 안아준다."

"울면 원하는 것을 뭐든 들어준다."

특히 프랑스 부모들은 낮이든 밤이든 아기가 자는 동안 울음을 터뜨리더라도 바로 안아주면 안 된다는 사실을 잘 알고 있다.

성인은 자면서 잠꼬대를 하거나 뒤척일 때가 있는데, 아기도 잠결에 잠꼬대를 하거나 이리저리 움직이고 칭얼거리곤 한다. 눈 깜빡이기, 안구 움직이기, 손가락 빨기, 기지개 켜기, 잠꼬대하기(때로는 울기도 한다) 등은 아기가 잠든 상태에서 보일 수 있는 정상적인 행동이다. 대부분 어른에게도 나타나는 모습이다.

잠자리에 들 때, 자다 깼을 때, 스스로 잠드는 아기는 '수면주기'를 학습한다

잠꼬대 좀 했다고 자는 사람을 깨우면 어른도 불쾌한 기분이 들기 마련이다. 자던 아기가 칭얼거릴 때는 아무리 우는 듯이 보이더라도 실제로는 깨어 있는 것이 아니라 잠든 상태에서 수면주기를 연결하는 방법을 배우는 중이라고 인식해야 한다.

프랑스에서는 수면주기를 연결하는 방법을 학습하는 동안 자던 아기가 우는 것은 당연한 일이라고 여긴다.

필요한 시기에 수면주기를 익힐 기회를 빼앗으면 월령이 높아져도 아기가 긴 시간 수면을 취하지 못하게 될 우려가 있다.

• 아기가 울 때 해야 할 일 •

×	×	○
수유	안기	관찰

아기가 우는 이유를 파악한 뒤 움직이자.

자칫 잘못하면 아기가 특정 시간에 반드시 일어나야 한다고 학습해 버려서 밤마다 깨서 우는 원인이 되기도 한다. 이와 마찬가지로 잦은 밤중 수유도 아기가 밤마다 젖을 여러 번 먹어야 한다고 학습하는 결과를 불러올 수 있다.

아기의 '울음'에는 다양한 종류가 있다(자세한 내용은 3장의 130쪽에서).

일단 울음을 터뜨리고 나서 아기 스스로도 어째서 우는지 깜

프랑스식 통잠 육아

빡 잊어버릴 때도 있다. 그럴 때 아기에게 잠시 시간을 주면 자기 스스로 해결하기도 한다.

아기가 안아달라고 보채며 울 때 프랑스 부모들은 아기가 울음을 그칠 때까지 계속 안아주지는 않는다. 즉, 아기의 요구를 마냥 들어주기만 하는 방법은 쓰지 않는다는 말이다. 프랑스 부모들은 스스로 '아이의 요구에 어디까지 응할 것인지' 명확한 선을 정해두고 대응한다.

아기와 뭐든 함께해야
헌신적인 부모인 건 아니다

"엄마가 아기를 직접 돌보지 않고 다른 사람한테 맡기다니 가여워."

"엄마니까 자기 시간이 없어져도 아이에게 시간을 쏟아야지."

만약 이렇게 생각하는 사람이 있다면 반드시 프랑스 부모의 사고방식을 소개해 주고 싶다.

어느 나라든 엄마들은 한정된 시간 안에 육아 이외에도 아주 많은 일을 소화해야 하고, 각자 하고 싶은 일도 따로 있다.

일본이나 한국 같은 나라의 엄마들은 뭐가 되었든 아이를 우

프랑스식 통잠 육아

선으로 삼는 경향이 있지만, 프랑스 사람들은 무리해서 육아에 많은 시간을 쏟는다면 아기에게 좋은 영향을 줄 수 없다고 여긴다.

오히려 아기와 함께하는 시간은 양보다 질이 중요하다고 생각한다.

무리해서 아이와 함께하는 시간을 늘리느라 이것저것 걱정하고 전전긍긍하며 아이를 대하기보다는 시간이 짧더라도 100% 아기에게 온전히 집중하는 편이 몇 배 더 좋은 영향을 줄 수 있다.

아이를 방해하지 않아야
창의력이 쑥쑥 자란다

프랑스 부모는 아기와 놀이를 할 때도 하나부터 열까지 일일이 가르쳐주지 않고 아기 혼자서 노는 방법을 익히도록 이끌어준다. 아기나 어린이가 자기만의 세계에 빠져들어 무언가에 열중할 때는 말을 걸어 방해하지 않고 가만히 지켜본다.

어른의 쓸데없는 선입견이 아이가 몰두하고 있는 놀이를 한 방향으로 유도해서 아이가 기껏 발휘한 창의력을 무용지물로 만들어버릴 가능성이 높기 때문이다.

아이의 창의력을 키워주는 비결은 어른이 아이를 방해하지 않는 것이다.

물론 아기가 부모의 손길을 원할 때는 온 힘을 기울여 놀아주면 된다. 다만 그저 놀아주는 데서 그치지 않고 아이 혼자서도 놀이를 할 수 있도록 이끌어야 한다. 아기가 침대나 자기 방에서 혼자 눈을 떴을 때도 기분 좋게 시간을 보낼 수 있도록 말이다.

나도 아이들 놀이에는 되도록 개입하지 않으려고 노력한다.

특히 공원에서는 그네를 밀거나 철봉을 잡을 수 있게 들어 올려주거나 하면서 아이 연령에 맞게 놀이를 거들고 지켜보기는 하지만 최대한 손을 대지 않는다.

자녀가 위험에 처하지 않도록 지켜보면서도 일정한 거리를 유지하는 것이다. 그뿐만 아니라 형제간의 싸움도 아이들끼리 직접 해결하도록 이러쿵저러쿵 관여하지 않는다.

앞서 아이의 수면에 관한 부분에서 아이가 스스로 배울 수 있는 환경을 마련해야 한다고 이야기했는데, 놀이 또한 마찬가지다.

부모는 자녀를 공원에 데려가거나 집에 놀이 공간을 만들어 즐겁게 놀 수 있는 환경을 조성해야 하지만, 부모라면 응당 아이와 놀아줘야 한다거나 아이를 기쁘게 만들어야 한다는 생각에 무리해서 오랜 시간 놀이에 어울려주다 녹초가 될 필요는 없다.

다른 나라에서
프랑스식 육아를 시작하는 방법

이제 프랑스식 육아법이 다른 나라의 부모에게도 충분히 도움이 된다는 사실을 납득할 수 있을 것이다.

그러니 '문화도 환경도 다른데….', '내 주변에는 그렇게 육아하는 사람이 없는데….'라고 망설이지 말고 이 책과의 만남을 계기로 프랑스식 육아에 도전해 보면 어떨까.

프랑스식 육아는 프랑스뿐만 아니라 한국이나 일본 같은 다른 나라에서도 언제든 시작할 수 있다.

시작이 빠르면 빠를수록 효과는 커진다. 다만 어제까지 해왔던 육아 방식을 갑자기 180도 바꾸는 것이 아니라 아이의 상태를 살피면서 조금씩 적용해 나가면 된다.

아기의 수면교육에 관해서는 2, 3장에서 자세히 다루겠지만, 아기가 배 속에 있을 때부터 미리 지식을 익혀두면 출산 이후 수월하게 육아를 시작할 수 있다. 내가 권하는 프랑스식 육아법은 공간이 넉넉하지 않은 도시의 주거 환경을 고려해 각 가정의 사정에 맞춰 개량한 방식이다.

- 아이를 위한 개인 공간을 준비한다.
- 아이 방을 따로 마련할 수 없다면 아기침대나 아기용 침구를 사용해도 좋다.
- 너무 밝은 조명은 피한다. 자는 방이나 침대의 위치를 조정하고 간접조명을 사용한다.
- 모유를 위주로 육아를 지속하고 싶다면 가능한 범위 안에서 장시간 수면을 노려본다.

육아의 규칙은 반드시
부부끼리 논의해서 결정한다

프랑스 육아를 시작하려면 먼저 파트너에게 자세한 내용을 알리고 협력을 구해야 한다. 아기를 양육하는 사람이 한결같은 자세로 통일된 규칙을 따라야 아기가 혼란을 느끼지 않는다.

프랑스에서도 가정의 육아 규칙은 부부가 함께 상의해서 정한다.

엄마가 아무리 애써 아기를 일찍 재워도 아빠가 재우는 날마다 시간이 늦어진다면 생활 리듬도 자리를 잡기가 힘들다.

그렇다고 융통성 없이 "무슨 일이 있든 매일 여덟 시에 재워야 해!" 하며 지나치게 규칙에 얽매이면 오히려 스트레스가 된다. 휴가 등 특별한 일이 있을 때 잠시 생활 리듬이 무너지더라도 조금씩 다시 되돌리면 된다.

가족끼리 프랑스로 짧은 여행을 갔을 때, 남편을 비롯한 프랑스 사람들은 여행 중임에도 아이의 낮잠 시간을 지키려고 다시 숙소까지 돌아가 아이를 재우곤 했다.

그러다 보니 하루에 거의 한 군데밖에 구경하지 못해서 여기저기 돌아다니기 좋아하는 내게는 꽤 아쉬운 일정이었다. 하지만 생활 리듬을 유지할 수 있었기에 아이는 여행 중에도 줄곧 컨디션이 좋았고 평소대로 일찍 잠자리에 들어주었다. 덕분에 어른들도 느긋하게 여행의 밤을 즐길 수 있었다.

여행 중에도 생활 리듬을 무너뜨리지 않으면 어떤 점이 좋은지 실제로 경험했지만, 그래도 모처럼 여행을 왔으니 최대한 많이 즐기고 싶다고 생각하는 사람도 있을 법하다. 그럴 때는 가족끼리 상의해 규칙을 정하고, 집으로 돌아와 휴가 중 무너진 리듬을 되찾고 나서 수면교육을 다시 시작하면 된다.

프랑스 사람도 '아이가 어른에게 맞춘다', '생활의 리듬을 해치지 않는다', '부부 관계를 소중히 여긴다' 등의 큰 틀은 어느 집이든 비슷하지만, 세세한 규칙은 가정마다 모두 다르다.

큰 탈 없이 무난하게 지나가면 그만이라는 생각으로 그때그때 주위에 맞추거나 방침을 이리저리 바꾸기보다는 우리 가족에게 맞는 육아 규칙을 함께 정하면 어떨까?

프랑스식 육아를
실천한 사람들의 이야기

이 장을 마무리하며 실제로 내 조언에 따라 프랑스식 육아를
시작한 사람들이 어떤 효과를 얻었는지 엄마들의 생생한 목소리
와 함께 소개하려 한다.

첫 번째 사례 - T·M 씨

첫째를 키울 때 아기를 재우느라 밤마다 고생했던 엄마가 둘
째 아이 출산을 앞두고 수면교육법을 배우기 위해 찾아왔다.

실제로 프랑스 육아를 시작하자 생후 2개월부터 장시간 수면
이 가능해졌고 첫째를 키울 때보다 훨씬 편하게 아기를 돌볼 수
있게 되었다. 아이를 재우는 데 애먹지 않게 되면서 육아에 대한
부담도 많이 줄어서 T·M 씨는 출산 이후 얼마 지나지 않아 이
직을 결심하고 새로운 일에 도전할 수 있게 되었다.

"아기를 1분 만에 재우고 10시간이나 통잠을 잔다니 가능할
리 없다고 의심했죠. 그런데 아이가 두 달째부터 통잠을 자기 시
작해서 정말 깜짝 놀랐어요. 첫째 때는 8개월이 되도록 세 시간
간격으로 밤중 수유를 해야 했고, 재울 때도 품에 안고서 계속
방 안을 돌아다녔거든요. 낮 동안 규칙적으로 낮잠 자는 리듬도
배워서 저 혼자만의 시간을 쉽게 만들 수 있다는 점도 좋았어요.
무엇보다 육아에 대한 흔들림 없는 기준이 생기고 갈팡질팡

하지 않게 되어서 이것저것 검색하는 데 시간과 수고를 들이지 않게 됐어요. 습관의 힘과 아기의 학습 능력이란 참 대단하죠. 지금도 육아 문제로 크게 고민하지 않고 아이와 즐겁게 함께하고 있답니다."

두 번째 사례 - C·H 씨

산달부터 직장에 복귀하는 시기(3개월)까지 지도(첫째 아이)

생후 2개월 8시간 수면 달성

생후 3개월 10시간 이상 수면 달성

C·H 씨는 출산 후 3개월 만에 일을 다시 시작해야 한다고 해서 산달부터 직장 복귀 시기까지 육아법을 지도했다.

아기에게 생활 리듬이 생기자 일을 다시 시작하고 나서도 시간을 관리하며 아기를 돌볼 수 있게 되어서 육아와 일 모두 편해졌다고 한다.

"실제로 해 보니 아이에게 아주 잘 맞아서 빠른 시기부터 어디서든 금방 잠들게 됐어요. 3개월 무렵부터는 밤에도 8시쯤 잠들어서 아침 7시까지 푹 자기 시작했고요. 자다 깨지도 않으니 밤중에 우는 날도 거의 없었죠. 그리고 바깥에 나가도 컨디션이 좋을 때는 자고 싶을 때 혼자서도 얌전히 잠을 자게 됐어요.

평소 계획을 충분히 세워 육아하니 아기가 울음을 터뜨려도 시간을 보면 뭐 때문에 우는지 대부분 짐작이 가서 바로 대처할 수 있었어요. 그만큼 아이도 기분이 좋을 때가 많아서 주변 사람들한테 잘 안 울고 참 얌전하다는 말을 많이 들었죠."

세 번째 사례 - M·F 씨

생후 6개월 지도 시작

생후 8개월 빈번한 밤중 수유가 개선됨

생후 11개월 10시간 수면 달성

M·F 씨는 생후 6개월이 된 아기의 수면 문제로 도움을 요청

했다.

처음에는 하루 수유량이 적고 먹는 양이 들쑥날쑥해서 밤중에 세 번씩 수유를 해야 했다. 그래서 아기가 먹는 양을 일정하게 조정하고 생활 리듬을 만드는 데 힘을 기울였다. 그 결과 밤에 일어나는 횟수가 세 번에서 두 번으로, 두 번에서 한 번으로 서서히 줄어들었고 나아가 10시간 수면까지 가능해졌다.

"처음에는 정말 효과가 있을지 불안했는데, 지금은 깜짝 놀랄 만큼 잘 자게 됐어요. 덕분에 지금은 어른도 아이도 아침에 상쾌하게 눈뜰 수 있죠."

네 번째 사례 - 우리 집

자, 어떤가.

일본에 사는 엄마들도 이렇게 프랑스식 육아를 실천하며 육아 고민을 지혜롭게 떨쳐내고 있다. 이 책을 읽는 엄마, 아빠도 위 사례들을 통해 프랑스식 육아에 도전할 용기를 얻기를 바란다.

다음 장에서 소개하는 '셀프 자장자장'과 '장시간 수면'을 먼저 익히고 거기서 범위를 조금씩 넓혀 프랑스식 육아의 핵심을 쉬운 부분부터 차근차근 적용해 나가면 된다.

마지막으로 셋째 딸이 생후 2개월 때 어떤 리듬으로 생활했는지 소개해 보려 한다.

생후 2개월이 된 셋째 아이의 어느 하루

07:00	기상, 첫 번째 수유(혼합) ※모유가 아기 체중에 맞는 양만큼 나오지 않아서 부족한 부분은 분유로 보충함 거실에 있는 아기침대에서 지냄
11:00	두 번째 수유(혼합) 거실에 있는 아기침대에서 지냄
15:00	세 번째 수유(혼합)
17:00	어린이집에 간 첫째와 둘째를 데리러 외출
18:15	집에 도착 거실에 있는 아기침대에서 지냄
18:30	목욕(첫째와 둘째는 그동안 TV 시청)
19:00	네 번째 수유(혼합)
19:30	부부 침실에서 취침

프랑스식 통잠 육아

23:00	다섯 번째 수유(분유)
23:30	부부 침실에서 취침

우리 집에서는 아기를 재울 때가 되면 "잘 시간이야"라고 알려 주고 아기침대로 옮겨 준다. 나중에 아이가 걷기 시작하고 나서는 스스로 자기 잠자리를 찾아가고 불만 꺼주면 모든 과정이 마무리된다. 1분도 채 걸리지 않을 때도 있다.

한 가지 추가하자면, 아이가 말을 시작하기 전까지는 아기침대나 베이비서클로 울타리를 설치하는 것이 좋다. 아기 혼자 이리저리 돌아다니거나 물건이 떨어져 다칠 위험 없이 혼자서도 안전하게 잠들 수 있기 때문이다.

✦ 2장 ✦

프랑스 부모가
아기를 재우는 방법

수면의 원리를 이해하는 것이
프랑스 육아의 시작

서장과 1장에서는 프랑스의 육아가 대략 어떤 방식이고 어떤 장점이 있는지 살펴보았다. 이제 드디어 프랑스 육아의 진수인 '수면교육'을 소개할 차례다.

아기 재우는 방법을 완벽하게 익히고 '셀프 자장자장'을 성공시키려면 먼저 수면의 원리를 알아야 한다. 그래서 이 장에서는 수면이 어떤 원리로 이루어지는지, 아기의 수면은 어른과 어떻게 다른지 이야기해보려 한다.

프랑스 사람들은 대부분 수면의 원리를 파악하고 있다. 원리를 이해하는 것이 프랑스 육아의 시작인 셈이다.

렘수면과
비렘수면

잠의 깊이는 일정하지 않다. 잠든 사이 깊어졌다가(비렘수면) 얕아지기를(렘수면) 몇 번이나 반복한다. 이를 수면주기라고 부른다.

다음에 나오는 그림은 수면의 리듬을 표현한 그래프다. 그림을 보면 알 수 있듯이 일단 잠들면 잠이 점점 깊어지다가 약 90분 간격으로 깊은 잠(비렘수면)과 얕은 잠(렘수면)을 왔다 갔다 한다.

그다음 얕은 잠이 점점 늘어나다가 눈을 뜨게 된다.

먼저 얕은 잠을 자는 '렘REM수면'은 'Rapid Eye Movement' 의 머리글자를 딴 말로, 안구가 빠르게 움직이고 뇌의 일부가 깨어 있어 각성에 가까운 상태다. 따라서 소리에 반응하거나 작은 자극에도 금방 눈을 뜨곤 한다. 우리가 꿈을 꾸는 것도 이 렘수면 상태일 때다.

다음으로 깊은 잠을 자는 '비렘Non-REM수면'을 살펴보자. 비렘수면은 대뇌가 쉬는 상태이므로 신체를 회복하는 데 아주 중요한 역할을 한다.

프랑스식 통잠 육아

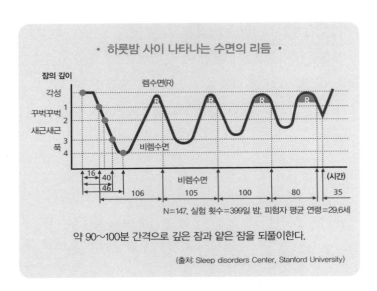

• 하룻밤 사이 나타나는 수면의 리듬 •

잠의 깊이

각성
1 꾸벅꾸벅
2 새근새근
3
4 푹

렘수면(R)

비렘수면

16
40
46
106
비렘수면
105
100
80
35
(시간)

N=147, 실험 횟수=399일 밤, 피험자 평균 연령=29.6세

약 90~100분 간격으로 깊은 잠과 얕은 잠을 되풀이한다.

(출처: Sleep disorders Center, Stanford University)

비렘수면 상태에서는 뇌 전체의 움직임이 느려지고 뇌가 깊은 휴식을 취하기 때문에 외부 자극에 대한 반응도 둔해진다.

그래서 비렘수면 주기에 있는 사람을 깨우면 눈을 잘 뜨지 못하고 일어나더라도 머리가 멍하다.

비렘수면은 보통 3~4단계로 나뉜다. 다만 3단계인지 4단계인지는 여러 설이 있다.

1단계는 '꾸벅꾸벅' 조는 상태

2단계는 '새근새근' 자는 상태

3~4단계는 '푹' 잠든 상태

이런 단계를 거치며 잠이 점점 깊어진다.

성인은 잠들고 나서 점점 깊은 비렘수면으로 진입했다가 90~100분 간격으로 다시 얕은 수면으로 넘어가는 주기가 반복된다. 잠들고 얼마 지나지 않은 단계에서는 숙면을 취하는 비렘수면시간이 길지만, 이 시간은 서서히 짧아진다.

이렇게 렘수면과 비렘수면이 번갈아 나타나는 수면 패턴은 하룻밤 사이 4~6번 정도 되풀이된다. 잠들고 나서 처음 90~100분 동안 잠이 가장 깊고 길며, 시간이 지날수록 조금씩 패턴이 짧아지고 잠도 얕아지다가 서서히 눈을 뜨게 되는 원리다.

먼저 엄마의
수면시간을 확보하자

아기가 막 태어났을 때는 아무리 노력해도 엄마가 긴 시간 동안 깨지 않고 잠을 자기가 몹시 어렵다.

그러니 적어도 처음 잠들고 나서 90분이 지날 때까지는 깨지 않고 쉴 수 있도록 시간을 확보하는 것이 좋다.

잠든 후 90분은 수면이 가장 깊어지는 시간이어서 대뇌도 휴식을 취하기 때문에 피로를 회복하는 데 아주 효과적이다. 짧은 시간이라도 질 좋은 수면을 통해 온전히 쉴 수 있다면 피로를 많이 떨쳐낼 수 있다.

물론 엄마 혼자만의 힘으로는 어려우니 가족의 도움이 반드시 필요하다.

밤에 아기가 깨서 울 때 엄마를 깨우지 않고 배우자나 가족이 대신 우유를 주거나 기저귀를 갈아 주고, 낮에도 잘 시간을 만들어서 최소한 90분 정도는 푹 잘 수 있도록 도와야 한다.

아기와 되도록 거리를 둔다

엄마와 아기의 잠자리가 분리되어 있지 않으면 엄마가 아무리 깊이 자려 해도 숙면을 취하기가 어렵다.

일본이나 한국에서는 보통 부모와 아이가 함께 자는데, 아이 옆에서 자는 엄마들은 만성피로에 시달리는 경향이 있다.

이런 경향은 출산 이후 호르몬의 변화와 관련이 있다. 여성은 아이를 낳으면 호르몬의 균형이 변화하고 아기의 작은 울음소리에도 기민하게 반응해 잠에서 깨기 때문에 아이가 가까이 있으면 신경이 쓰여 깊이 잠들기가 어려워진다.

그래서 잠을 잘 때는 아기와 어느 정도 거리를 두는 편이 좋다. 가장 좋은 방법은 침실을 완전히 분리하는 것이지만, 침실이 같더라도 아기를 아기침대나 아기용 이불에 재워서 엄마와 되도록 거리를 떨어뜨려야 한다.

아기의 수면주기는
어른과 다르다

아기의 수면주기에
숨겨진 비밀

지금까지 수면의 원리를 알아보았다면 이번에는 아기의 잠에 대해 살펴볼 차례다. 아기의 수면주기는 어른의 수면주기와 조금 다르다.

다음에 나오는 그래프를 보면 알 수 있듯이 아기는 어른에 비해 얕은 잠(렘수면)의 양이 많다.

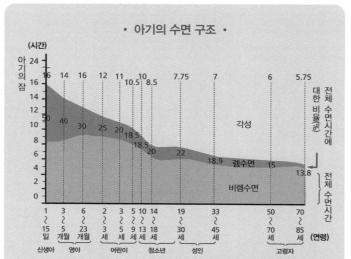

• 아기의 수면 구조 •

(Roffwarg,et al 1966에서 변경)
Copyright @ 2013 JSES All Rights Reserved.
('신생아, 영아' 등의 연령 표기는 일본과 차이가 있어 ICH 가이드라인을 따랐다. —옮긴이)

• 아이가 밤에 자다 깨거나 우는 원리 •

아기는 어른에 비해 짧은 주기로 깊은 잠(비렘수면)과 얕은 잠(렘수면)을 반복한다.
게다가 수면이 얕을 때 어른보다 쉽게 잠에서 깬다.

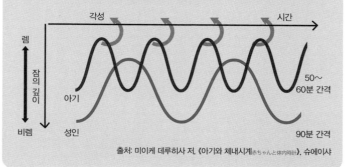

출처: 미이케 데루히사 저, 《아기와 체내시계赤ちゃんと体内時計》, 슈에이샤

프랑스식 통잠 육아

렘수면은 아기의 뇌 기능을 구축하기 위해 반드시 필요한 잠이다. 그래서 아기나 어린아이의 수면주기에서는 렘수면의 비율이 높으며, 0세일 때는 렘수면이 잠의 절반가량을 차지한다.

뇌가 어느 정도 성장하면 렘수면은 점점 줄어들기 시작한다. 그리고 5세 정도가 되면 수면주기 중 렘수면의 길이가 20% 정도로 줄고 성인과 거의 비슷한 구조를 보이게 된다.

성인의 수면주기는 90분 간격인데, 신생아의 수면주기는 40~50분 간격으로 더 짧다. 다시 말해, 아기는 도통 깊은 잠을 이루지 못하고 금방 깨거나 작은 소음에도 눈을 뜨는 경우가 많다는 말이다.

생후 3개월 정도가 되면 뇌가 더욱 발달해서 렘수면이 50~60분 간격으로 나타난다(참고로 2세 아기는 약 75분, 5세 이후는 90분 간격이라고 본다). 이 시기가 되면 아기는 얕은 잠에서 완전히 깨지 않고 다음 수면주기로 진입하는 방법을 학습하기 시작하고 수면시간도 점차 길어진다.

아기의 수면주기 학습을
돕는 세 가지 포인트

포인트 ❶

아기의 울음을 구별한다

- -

아기가 수면주기를 익히도록 도우려면 어떻게 해야 할까?

먼저 엄마, 아빠가 아기의 울음을 구별할 줄 알아야 한다.

예를 들어 아기가 갑자기 울음을 터뜨리면 어른은 아기가 왜 우는지 몰라 불안해져서 바로 안아주고 싶어 한다. 하지만 그건 정답이 아니다.

본래 아기는 잠이 얕은 데다 자는 동안에도 이리저리 움직이

프랑스식 통잠 육아

거나 울거나 칭얼대는 등 많은 움직임을 보인다. 어른이 자는 동
안 잠꼬대를 하거나 뒤척이는 것과 별반 다르지 않다.

배가 고파서도, 기저귀가 더러워져서도, 어디가 아파서도 아
닌데 울고 있다면 아기는 다음 수면주기로 넘어가는 과정에 있
을지도 모른다. 아기에게는 수면주기를 학습할 좋은 기회라 할
수 있다.

포인트 ❷
아기의 수면주기 학습을 방해하지 않는다

만약 이 상태에서 어른이 아기를 안아 어르고 달랜다면 오히
려 아기를 각성시켜서 혼자 다음 수면주기로 넘어가는 방법을
익힐 기회를 빼앗게 된다.

그 결과 월령이 높아져도 오랜 시간 통잠을 자지 못하는 상태
가 되어버린다. 최악의 경우, 아기가 '이 시간이 되면 한 번 일어
나야 한다'고 잘못 학습할 수도 있다.

실제로 많은 엄마들이 "아기가 밤마다 같은 시간에 깨서 울어
요", "재워도 두 시간마다 일어나요"라고 고민을 털어놓는다. 이
런 상황은 아기가 잘못된 수면주기를 학습한 결과라 할 수 있다.

'아기가 열심히 배우고 있다'고
긍정적으로 생각하며 육아에 임한다

수면교육을 완벽하게 이해하기 위해서 엄마, 아빠가 절대 잊지 말아야 할 점이 있다.

수면교육은 그저 아기가 울게 방치하는 행동이 아니다. 오히려 이와 반대로 아기에게 학습할 기회를 주는 바람직한 행동이다.

'아무 의미 없이 아기를 울게 내버려두는 중'이 아니라 '잘 자는 방법을 아기에게 다정하게 가르쳐주는 중'이라고 긍정적으로 생각하며 임해야 한다.

아기가 울고 있을 때 안아주거나 이것저것 해주지 않고 가만히 관찰한다는 데 죄책감을 느껴서는 수면교육에 성공할 수 없다. 반대로 '아기가 열심히 배우고 있다'고 생각하면 큰 효과가 나타난다.

단, 아기가 다른 이유로 우는 경우도 있으니 울음을 구별할 때는 충분히 주의를 기울여야 한다. 그런 의미에서 아기를 '관찰'하는 과정은 매우 중요하다.

프랑스 엄마, 아빠가
우는 아기를 관찰하는 방법

먼저 2~3분
관찰부터 시작하자

왜 그래야 하는지 알면서도 실제로 우는 아기를 차분하게 관찰하며 손대지 않고 지켜보기란 엄마들에게 그리 쉬운 일이 아니다. 쉽기는커녕 프랑스식 육아 중 가장 어려운 부분이 아닐까. 나도 처음에는 가슴이 옥죄듯 아리고 답답했다.

처음에는 무리하지 말고 한 걸음, 한 걸음 천천히 시작하면 된다.

처음부터 갑자기 몇십 분씩 우는 모습을 관찰하기는 어려울 테니 우선 2~3분 정도 지켜보고, 좀 더 익숙해지면 시간을 점점 늘려 보자.

특히 한밤중에 우는 아기를 가만히 지켜보려면 엄마도 기운이 쏙 빠지고 이웃에게 피해가 될까 봐 신경이 쓰이니 처음에는 낮잠 시간에 관찰을 시작하는 편이 좋다.

아기는 특히 오전에 컨디션이 좋을 때가 많으니 오전 중 낮잠 시간을 이용해 보자.

울음소리가 일정한지, 점점 강해지는지로 구별할 수 있다

아기의 '울음'을 구별하는 포인트가 있다. 바로 '울음소리의 세기'다. 아기가 울음을 터뜨리고 나서 2~3분 사이에 울음이 점점 격렬해진다면 뭔가 명확한 이유 때문인 경우가 많다. 따라서 젖을 주거나 기저귀를 갈아서 아기의 불만을 해결해 주면 된다.

반대로 아기가 수면주기를 학습하다가 울음을 터뜨릴 때는 울음소리의 크기가 대부분 일정하거나 울음이 점점 잦아들기도 한다. 그럴 때는 수면주기를 익히는 중이라고 받아들이고 아기를 잠시 관찰해 보자.

아기를 재울 때 가슴 언저리를 도닥도닥 가볍게 두드리는 엄마가 제법 많은데, 아기를 도닥이면 더 이상 관찰이 아니게 되어 버린다.

그렇게 하면 이번에는 아기가 칭얼거릴 때마다 엄마가 도닥여준다고 학습할 수 있으니 되도록 불필요한 소리나 자극 없이 관찰에만 집중해야 한다.

아기가 수면주기를
획득하기까지 걸리는 시간은?

성인들도 무언가가 습관으로 자리 잡으려면 3주 정도의 시간이 걸린다. 이와 마찬가지로 아기가 수면주기를 습득하는 데는 아무리 빠르더라도 어느 정도의 시간이 필요하다.

신생아 때부터 훈련에 들어간다면 대체로 2~3개월 만에 수면주기를 익힐 수 있다. 그 정도 기간이 걸린다는 점을 염두에 두고 초조해하지 말고 차분히 지켜보자.

밤중에 아기가 눈을 떴을 때
다시 잠들게 하는 방법

잠자리에 들 때와 자다 깼을 때의
환경을 동일하게 만든다

아기의 수면주기 학습을 위한 중요한 포인트가 한 가지 더 있다. 아기가 자다가 깼을 때 자기 힘으로 다시 잠들 수 있어야 한다는 점이다. 그러려면 아기가 잠자리에 들었을 때와 밤중에 눈을 떴을 때의 상황을 완전히 동일하게 만들어야 한다.

한밤중에 아기가 잠에서 깼을 때 주변은 당연히 깜깜하겠지

프랑스식 통잠 육아

만, 아기가 눈을 떴을 때 보이는 상황이 잠자리에 들 때 봤던 상황과 완전히 같으면 무서워지지 않고 혼자서도 다시 잠을 청할 수 있기 때문이다. 반면, 자다가 문득 깼는데 잠자리에 들었을 때와 주변 환경이 다르면 불안한 마음에 잠이 완전히 깰 수도 있다.

분명 침대 위에서 잠들었는데 한밤중에 소파 위에서 눈을 뜬다면 어른이어도 깜짝 놀라지 않을까.

아기도 마찬가지다.

예컨대 매번 엄마 젖을 물거나 품에 안긴 채로 잠을 청하는 아이는 밤중에 자다 깼을 때 전과 달리 엄마 품이 아니거나 엄마 젖이 없다는 사실에 '어? 내가 왜 여기 있지?', '엄마 젖이 없어!' 하고 불안해한다.

다시 말해 수유를 하거나 품에 안아서 재운 아기는 자다 깼을 때도 엄마 젖이나 엄마 품이 없으면 다시 잠들지 못해서 원하는 것을 얻을 때까지 울며 엄마를 부르게 된다.

잠자리에 들 때, 밤에 잠에서 깼을 때, 같은 상황을 조성하는 것이 '셀프 자장자장'에서 얼마나 중요한지 실감할 수 있다.

아기의 '체내시계'를 만드는
다섯 가지 포인트

포인트 ①

아침 6~7시에 일어나 햇볕을 쬔다

수면주기 학습을 위해서는 아기의 체내시계 형성이 무엇보다 중요하다. 수면주기 학습과 체내시계 형성은 병행해서 진행하면 좋다.

체내시계를 만드는 가장 기본적인 방법은 '아침 일찍 정해진 시간에 일어나기'다.

그리고 '아침에 일어나서 햇볕을 듬뿍 쬐는 것'이 무엇보다

프랑스식 통잠 육아

중요하다.

아침 6시에서 7시 사이 정해진 시간에 일어나 아기가 햇볕을 충분히 쬘 수 있도록 하자. 아침에 햇볕을 듬뿍 받으면 체내시계가 리셋되기 때문이다. 이 '체내시계 리셋'은 반드시 필요한 과정이니 아기가 아직 일어나지 못했다 하더라도 커튼을 열어 햇볕을 받을 수 있게 해야 한다.

빛은 눈으로만 느끼는 것이 아니다. 사람은 온몸으로 빛을 느낄 수 있어서 눈을 뜨지 않더라도 자연히 몸에서 잠이 달아난다. 이렇게 아침마다 햇볕을 쬐고 낮 동안 밝은 방에서 지내야 아기가 밤낮을 구별할 수 있게 된다.

포인트 ❷
어두워지면 조명의 밝기를 낮춘다

반대로 해가 지고 밖이 어두워지면 방에 있는 조명의 불빛을 낮춰서 아기가 있는 환경도 어둡게 만들어주자.

최근 밤늦게까지 잠들지 않고 깨어 있는 아기가 많아지면서 이른바 '야행성 아기'가 문제로 떠오르고 있다. 그런 문제를 막으려면 바깥이 어두워졌을 때 집 안도 가능한 한 비슷하게 어두운 환경으로 만들어 주어야 한다.

해가 진 뒤에는 컴퓨터, 휴대전화, 태블릿 PC, TV 등에서 나오는 불빛도 되도록 아기 눈에 닿지 않도록 주의할 필요가 있다.

포인트 ❸
아기를 천장조명 아래에 재우지 않는다

주거 환경에 따라 밤에 조명이 지나치게 밝은 집도 있다.

이를테면 천장조명은 빛이 위에서 아래로 쏟아지는 형태여서 아기에게 빛이 직접적으로 닿는다. 아기는 보통 등을 바닥에 대고 누운 상태로 위쪽을 바라보고 있어서 천장조명 아래 있으면 쉴 새 없이 빛을 받게 된다.

얼굴로 빛이 계속 쏟아지면 어른도 눈이 부시고 괴롭다. 게다가 눈꺼풀이 아직 얇은 아기에게는 자극이 지나치게 강하다.

그래서 천장조명 아래는 아기를 재우기에 적합하지 않은 위치다.

이럴 때는 간접조명을 사용하면 좋다. 밤이 되면 천장조명을 끄고 바닥이나 낮은 위치에서 간접조명이나 부드러운 빛을 비춰서 아기에게 빛이 직접 닿지 않도록 하자.

프랑스식 통잠 육아

늦어도 밤 8시에는 잠자리에 든다

아기가 잠자리에 들기에 가장 이상적인 시간은 밤 7시에서 8시 사이이다. 회사에 다니거나 일을 하는 엄마가 이 시간에 아기를 재우기란 몹시 어렵겠지만, 반대로 아기를 빨리 재울 수 있다면 남은 시간은 혼자만의 또는 부부를 위한 시간으로 마음껏 쓸 수 있다.

힘이 들더라도 늦어도 8시에는 아기를 재우려고 노력해 보자. 아기가 밤낮을 구별할 수 있게 하려면 부모가 환경을 어느 정도 조절해 주어야 하기 때문이다.

여름에는 새벽 5시 무렵부터 날이 밝아지기 시작했다가 저녁 7시 무렵까지 어두워지지 않는 시기가 있다. 이렇게 계절에 따라 해가 길어지고 짧아지는 환경에 영향을 받지 않으려면 아기가 자는 방에 빛을 막는 암막 커튼을 설치하는 편이 좋다.

아기가 밤낮을 구별할 줄 알게 되면
낮잠도 어두운 환경에서 재운다

낮잠 자기 적합한 환경은 아이의 상태에 따라 달라진다.

만약 아기가 아직 밤낮을 구별하지 못한다면, 아침에 햇볕을 쬐며 일어나 낮 동안 밝은 곳에서 지내고 해가 져 어두워진 뒤 잠자리에 들며 서서히 체내시계를 견고하게 한다.

그렇게 체내시계가 단단히 자리 잡고 나면 '어두워진다=잘 시간'이라고 몸이 인식하게 되니 낮잠도 어두운 환경에서 자게 해 주자.

아기의 두뇌 발달을 위해 0~3세까지는 매일 2~3시간 정도 낮잠 시간을 마련해 주는 것이 좋다.

아기 혼자 잘 수 있는
수면 환경 만들기

저녁 7시가 되면
방을 어둡게 한다

아기 혼자 편안히 잘 수 있는 수면 환경의 포인트는 빛, 소리,
실내 온도, 총 세 가지다.

먼저 첫 번째 포인트 '빛'을 살펴보자. 체내시계를 다룰 때도
이야기했듯이 불빛은 아기의 잠을 방해하는 가장 성가신 적이다.

저녁 7시가 지나면 우선 방의 조명 밝기를 낮추고 어두운 환
경을 만들어야 한다. 거리와 가까운 탓에 가로등이나 간판 불빛

이 안까지 들어오는 집도 있는데, 그럴 때는 암막 커튼이나 덧창 등을 이용하면 좋다.

밤중에 기저귀를 갈 때도 빛은 적으면 적을수록 좋다. 꼭 불을 켜야 한다면 수면등이나 스마트폰 손전등 기능처럼 작은 조명을 써서 빛을 최소한으로 줄여야 한다.

캄캄한 방에서는 에어컨이나 가습기, 제습기 같은 가전제품의 불빛도 생각보다 훨씬 더 눈에 띄기 마련이다. 특히 아기의 눈높이보다 높은 곳에 가전제품이 있거나 아기가 자는 위치에서 눈에 쉽게 들어올 만한 빛이 있다면 방향을 바꾸거나 스티커를 붙여 빛을 가려주자.

아기와 엄마가 같은 방에서 자는 경우에는 칸막이나 가리개 등을 이용해서 빛을 막아주는 것이 좋다. 칸막이에는 다른 효과도 있는데, 아기가 좀 더 자랐을 때 쓸모가 더 커진다.

아기가 8개월쯤 되어 물건을 붙잡고 일어서기 시작하면 한밤중이나 이른 아침 눈을 떴을 때 아기침대 울타리를 붙잡고 엄마, 아빠에게 빨리 일어나라며 소리를 지르기도 한다.

칸막이는 이런 상황을 미리 방지할 수 있어 편리하다.

아기가 자다가 눈을 뜨더라도 쓸데없는 물건이 눈에 띄어 주의를 끌지 않도록 어릴 때부터 침대 주변을 감싸두는 것이 좋다.

그리고 아기를 부부 침실에서 같이 재우는 가정에서는 무엇보다 부모가 잠자리에 들 때 가장 주의를 기울여야 한다. 아기가 자고 있는 방에 들어갈 때는 소리를 내지 않도록 발소리를 죽이고, 침실 문을 열기 전에는 복도 불빛이 침실에 들어가지 않도록 미리 복도 전등을 끄는 등 주의가 필요하다.

재울 때 아기에게
말을 걸 필요는 없다

두 번째 포인트는 '소리'다. 아기가 잠자리에 누워 잠들려 할 때 부모가 이런저런 말을 걸기도 하는데, 사실 그럴 필요는 없다.

왜냐하면 엄마가 부드러운 목소리로 말을 걸면 아기는 '어? 엄마가 놀아주려나?'라고 생각해서 일어나려 하기 때문이다.

이와 동일하게 밤에 아기가 자다가 깼을 때도 말은 걸지 않는 편이 좋다. 말을 걸거나 다른 행동으로 자극하지 말고 조용한 상태에서 아기 스스로 다시 잠을 청할 수 있도록 도와주자.

실내 온도는 어른에게
쾌적한 온도면 충분하다

세 번째 포인트는 '실내 온도'다. 아기는 체온이 높아서 일반적으로는 어른이 조금 서늘하다고 느낄 만한(계절에 상관없이 20~25도) 온도가 적당하다. 하지만 부모와 아이가 한방을 쓸 때는 온도를 조절하기가 쉽지 않다. 그럴 때는 어른이 쾌적하다고 느끼는 온도를 유지하면 된다.

아기 체온은 덮는 이불 없이 수면조끼나 입는 이불, 잠옷 등으로 조절해 준다. 겨울에는 가습기를 틀어 습도도 적절하게 유지해야 한다.

실내 온도와 습도는 아기에게 어떻게 느껴질지 고민하기보다는 엄마, 아빠 등 성인에게 쾌적하고 편안하게 맞추면 된다.

그러면 아기에게도 대부분 알맞은 환경이 되니 아기라고 해서 과하게 걱정하거나 뭔가를 꼭 해줘야 한다고 생각할 필요는 없다.

단, 아기가 체온 조절에 능숙하지 않다는 점을 충분히 인식하고 0세부터 1세까지는 에어컨을 적절히 사용해 항상 실내 온도를 쾌적하게 유지해주는 것이 좋다.

프랑스식 통잠 육아

• 쾌적한 수면 환경 만들기 •

준비물

아이 방(또는 아기침대)   베이비캠

할 일

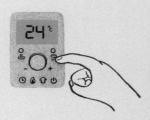

실내 온도를 적절하게 조절한다   빛이 전혀 들지 않는 캄캄한 상
(어른에게 쾌적한 온도면 충분하다).   태로 만든다(암막 커튼이나 덧창
                                    을 이용한다).

음악을 튼다면
느릿하고 잔잔한 노래로

음악을 틀고 싶다면 나른한 기분이 드는 느릿하고 잔잔한 노래나 오르골 소리 정도가 적당하다. 아기를 재울 때 트는 음악은 아이를 안거나 옆에 누워 재우는 상황과 비교하면 거의 영향을 주지 않는다.

보통 엄마들이 아기를 재울 때 쓰는 수면용 오르골 등에는 타이머가 내장되어 있어서 대개 15분쯤 지나면 꺼진다. 그러면 실제로 아기가 잠들 즈음에는 아무런 소리도 나지 않는다.

그래서 아기가 밤중에 눈을 뜨더라도 처음 잠자리에 들었을 때와 똑같은 상태를 만들려고 음악을 틀어줄 필요는 없다. 다만 아기가 자다 깨서 울고 나서 쉽게 잠들지 못할 때는 잠을 유도하기 위해 일시적으로 같은 음악을 틀어주는 것도 도움이 된다.

아기를 위한
꿀잠 루틴

0세 아기의 수면을 돕는
잠자기 전 다섯 가지 꿀잠 루틴

잠들기 전 반복되는 루틴은 아기가 수면주기를 학습하는 데 큰 도움이 된다. 매일 같은 행동을 반복하며 잠들다 보면 '이제 슬슬 잘 시간이구나' 하고 잠자리에 드는 순서를 서서히 인지하기 때문이다.

0세 아이에게 적합한 꿀잠 루틴은 보통 다음과 같은 순서로 이루어진다.

0세 아기 잠자기 전 다섯 가지 꿀잠 루틴

① 수유

② 목욕

③ 보습제 바르기, 옷 입기

※목욕한 후에는 수분도 보충할 겸 수유를 하는 것도 좋다.

④ 어두운 침실로 이동

※생후 6개월 미만 아기에게는 이 단계 끝에 수유를 추가해도 좋다.

⑤ 셀프 자장자장(자세한 내용은 3장에서 소개)

이 모든 루틴을 목욕이 끝나고 나서 침대에 눕기까지 45분 안에 끝내는 것이 가장 이상적이다. 왜 45분이냐 하면 수면의 질에 영향을 주기 때문이다. 월령이 낮으면 낮을수록 목욕할 때 아기의 체온이 쉽게 오르므로 그 상태 그대로 잠자리에 들면 깊게 잠들 수 있다. 그리고 씻기는 동안 아기를 약간 지치게 해서 잠들기 쉽게 만드는 상승효과도 얻을 수 있다.

앞서 살펴본 꿀잠 루틴은 어느 정도 순서를 지켜야 하지만, 아이가 좀 더 크면 양치질이나 그림책 읽어주기 등 할 일이 늘어나니 새로운 요소를 어디에 집어넣을지는 각 가정에서 결정하면

프랑스식 통잠 육아

된다. 단, 꿀잠 루틴을 반드시 매일 같은 순서로 반복해야 한다는 점을 명심해야 한다. 할 일이 늘어나면 시간도 더 소요되니 한 시간 안에 끝내는 것을 목표로 해 보자.

이렇게 해서 아기가 점점 자라 한 살이 넘어가면 이번에는 아기가 질서에 더 민감하게 반응하기 시작한다. 그때 당황하지 않으려면 아기 때부터 루틴을 몸에 익혀 두어야 엄마도 더 편안하게 육아를 할 수 있다.

✦ 3장 ✦

혼자서 밤새 통잠 자는
아이로 만드는 방법

아기 스스로 잠드는
'셀프 자장자장'을 위한 월령별 3단계

아기 혼자서 오랜 시간
통잠을 자는 방법

이 장에서는 아기 스스로 잠드는 '셀프 자장자장'을 익히는
방법과 셀프 자장자장에 이어 '장시간 수면'을 배우는 방법을 소
개하려 한다.

"정말 그런 게 가능할까?"라는 생각이 들지도 모르지만, 아기
가 셀프 자장자장과 장시간 수면을 익히기 위해 부모가 할 일은
놀랍도록 간단하다.

'셀프 자장자장'이란 아기가 깨어 있는 상태로 자기 침대에서 혼자 잠드는 것을 말한다.

셀프 자장자장은 출산 후 집에 돌아오자마자 시작할 수 있는데, 아기가 학습을 빠르게 마칠 수 있도록 늦어도 생후 2주쯤에는 연습에 들어가라고 권한다.

셀프 자장자장 트레이닝을 하지 않으면 다음 단계인 장시간 수면으로 넘어갈 수 없다. 방법은 아주 간단하지만, 아기가 꾸준히 반복해서 배워야 하기 때문이다. 셀프 자장자장은 프랑스 육아의 기초라 할 수 있으니 아기에게 꼭 가르쳐 주자.

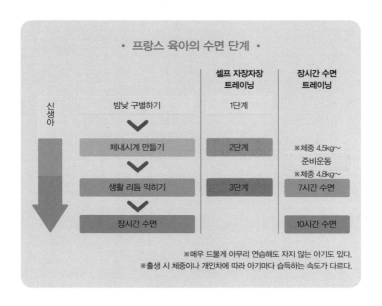

프랑스식 통잠 육아

프랑스식 '셀프 자장자장' 1단계,
낮에 하는 준비운동

'셀프 자장자장'을 익히기 위한 첫 번째 단계.

바로 밤에 아기를 재우는 것이 아니라 낮 동안 재우는 연습부터 시작한다.

한밤중에 아기가 울기 시작하면 이웃들에게 피해가 갈까 봐 걱정이 이만저만이 아니지만, 낮에는 신경이 덜 쓰이니 1단계에서는 낮 시간을 중심으로 연습해 보자.

게다가 아기는 주로 오전에 컨디션이 더 좋으니 아침잠을 이용해서 연습하는 것도 좋은 방법이다.

트레이닝 순서는 다음과 같다.

트레이닝 순서

① 수유 후 트림시키기, 기저귀 갈기 등 모든 과정이 끝나면 일단 침대
   에 눕힌다.

② 아기가 울기 시작해도 바로 안아주지 않고 먼저 2~3분간 지켜본다.

③ 아기가 울음을 그치지 않으면 일단 안아서 달랜다.

④ 아기가 울음을 멈추고 안정되면 다시 침대에 눕힌다.

   ※아기를 재울 때는 반드시 위를 향하게 눕힌다.

아기를 침대에 다시 눕히고 나서는 침대에서 조금 떨어져 거
리를 두도록 하자.

단, 안고 있는 사이에 아기가 잠들면 연습하는 의미가 없으니
'아기가 눈을 뜨고 있을 때 침대에 다시 눕히는 것'이 핵심이다.

침대에 눕힌 뒤
아기가 울음을 터뜨린다면

아기가 다시 울기 시작하면, 이번에는 처음보다 좀 더 오래 관찰하자.

두 번째 관찰은 5분 정도, 세 번째는 9분 정도를 기준으로 관찰하는 시간을 서서히 늘리면 된다.

다만, 아기를 다시 눕히고 세 번째로 지켜보아도 아기가 울음을 그치지 않는 경우에는 익숙한 방법으로 달래서 재워도 좋다. 이럴 때는 아기를 안거나 수유를 해도 상관없다. 시원하게 포기하고 다음 수유 타이밍에 다시 도전하면 된다.

매일매일 오래도록 지속되는 육아의 세계에서는 지나친 노력이 스트레스로 이어진다. 아기의 울음소리에도 조금씩 익숙해지기 마련이니 무리하지 않는 범위에서 천천히 시도해 보자.

낮에 하는
준비운동의 포인트

1단계는 '셀프 자장자장'을 위해 몸을 푸는 과정이다.

여기에는 두 가지 포인트가 있다.

첫 번째는 아기에게 밤낮 구별하는 방법을 알려주는 것이다. 그러려면 낮에는 생활 소음이 있는 밝은 방에서, 밤에는 어두컴 컴하고 조용한 방에서 재워야 한다. 이렇게 밤낮을 철저히 나누 면 아기의 체내시계가 무럭무럭 자라난다.

두 번째는 관찰하는 시간을 점점 늘리는 것이다. 처음부터 우 는 아기를 몇 분씩 가만히 놔두기는 힘들 테니 짧게 지켜보는 단 계부터 시작해 보자.

아기가 어떤 상태인지 판단하면서 사흘간 각각 3회씩, 3분 정도 시간을 늘리면서 관찰하는 시간을 날마다 조금씩 연장하면 된다.

우는 아기를 지켜볼 때는 시간을 측정하는 것이 중요하다. 이 때 헤아려야 할 시간은 큰 소리로 우는 시간이니 칭얼거리거나 "이잉" 하고 어리광 부리듯이 울 때는 시간을 세지 않고 상태를 지켜보자.

아기가 울지 않거나 울음을 멈추고 차분해지기 시작한다고 느껴질 때는 가만히 기다리면 된다. 아기가 자기 힘으로 안정을 찾는 연습 중이라는 아주 반가운 신호다.

'셀프 자장자장'을 위한 기본 관찰 시간

첫날~3일

첫 번째 관찰 시간 2~3분

두 번째 관찰 시간 5분

세 번째 관찰 시간 9분

4일~6일

첫 번째 관찰 시간 5~6분

두 번째 관찰 시간 8분

세 번째 관찰 시간 12분

7일 이후

아기의 상태를 살피면서 관찰 시간을 조금씩 늘린다.

아기의 울음을
구별하는 포인트

'셀프 자장자장'을 익히기 전까지 아기의 울음소리를 일정 시간 동안 가만히 듣고만 있어야 한다는 점이 엄마에게는 가장 힘겨울지도 모른다.

하지만 갓난아이는 자기도 모르게 무의식적으로 우는 때가 많다. 신생아의 울음 중 80%는 이유가 없다고 할 정도이니 엄마, 아빠에게 SOS 신호를 보내기 위해 우는 경우는 그리 많지 않은 셈이다.

그러니 다음 내용을 참고해서 차분한 마음으로 아기가 우는 이유를 구별해보면 어떨까.

아기의 울음을 구별하는 포인트

① 배가 고픈가?

② 기저귀가 젖었는가?

③ 실내 온도는 적절한가?

④ 피곤한가? (이를테면 잠을 푹 자지 못해 졸린 상태라든지)

⑤ 옷이 비뚤어지거나 말려 올라가 불편한가?

⑥ 열이 나거나 구토를 하지는 않는가?

  ※열이 나거나 구토를 할 때는 바로 병원에 데려가자.

이 중 어떤 항목도 아기가 우는 이유와 일치하지 않는 데다 그럼에도 울음을 그치지 않는다면 일단 아기를 안아 주자. 안아 주었을 때 울음을 멈춘다면 SOS 신호가 아니라는 뜻이니 아기가 진정되었을 때 다시 침대에 눕히면 된다.

만약 어떻게 해도 울음을 그칠 기미가 보이지 않을 때는 아기의 건강에 문제가 생겼을 수도 있으니 망설이지 말고 병원에 문의하자.

프랑스식 '셀프 자장자장' 2단계, 밤에 하는 수면 트레이닝

스스로 잘 자는 아기를 위한 수면교육의 첫 번째 단계 '낮에 하는 준비운동'에 익숙해지고 생후 약 1개월이 지났다면, 이제 다음 단계인 '밤에 하는 수면 트레이닝'으로 들어갈 차례다.

낮 동안은 계속해서 1단계를 진행하고 아기를 관찰하는 시간 만 조금씩 늘리면 된다.

2단계 트레이닝은 저녁 7시에서 8시 사이에 진행한다. 아기 와 부모의 침실이 동일한 경우에도 트레이닝할 때는 아기를 침 대에 눕히고 나서 일단 방을 나서야 한다.

트레이닝 순서

① 침실을 미리 어둡게 하고 너무 따뜻하지도 춥지도 않게 실내 온도
  를 맞춘다.
② 아기를 안고 방으로 들어가 어둠에 익숙해질 때까지 안아 준다.
③ 아기가 안정되면 침대에 눕히고 방을 나선다.

  ※아기는 반드시 위를 보는 자세로 눕힌다.
  ※안는 시간은 최대 10분 정도. 그보다 길어지면 일단 침대에 눕힌다.

프랑스 '셀프 자장자장'의 장점은 밤에 부모가 쓸 수 있는 시
간이 늘어난다는 점이다. 트레이닝을 하는 동안 부모는 아기와
함께 잠자리에 들지 않고 아기가 곤히 잠들고 난 뒤에 자야 한다.
만약 아기가 평소와 다른 식으로 운다면 일단 안아 주고 ②부
터 다시 시작한다.

아기가 울음을
터뜨렸을 때 해야 할 일

아기가 쉬이 잠들지 못하고 울기 시작하더라도 바로 달래러 가지 말고 방 밖에서 5분간 지켜보자. 기다려도 울음을 그치지 않는다면 방으로 들어가 어두운 상태에서 아기를 안고 달래준다.

단, 안아 주는 시간은 길어도 10분을 넘겨서는 안 된다. 10분 이상 안아 줘도 진정되지 않을 때는 아기가 칭얼거리고 보채느라 우는 가능성이 높으니 트레이닝을 일단 중단하고 평소 하던 방식으로 재우자.

다시 트레이닝 내용으로 돌아가서, 아기가 안정되면 침대에 눕히고 방을 나선다.

그렇게 해도 아기가 다시 울기 시작하면 이번에는 전보다 오래 관찰한다.

두 번째로 아기를 관찰할 때는 7분 정도, 세 번째는 12분 정도를 기준으로 관찰을 반복한다. 지켜보는 시간은 1단계 준비운동을 할 때처럼 날마다 조금씩 늘리면 된다.

아기가 잠들 때까지 최대 40분 동안 지켜보는데, 그럼에도 아기가 울음을 그치지 않으면 평소 하던 방법으로 아기를 재우자.

프랑스식 통잠 육아

관찰 시간을
조금씩 늘리자

2단계 '밤에 하는 수면 트레이닝'은 간단히 말하자면 1단계 '낮에 하는 준비운동'의 관찰 시간을 늘리는 과정이라 할 수 있다.

말로 하면 아주 간단하지만 준비운동 단계보다 우는 아기를 지켜봐야 하는 시간이 길어져서 부모 입장에서는 점점 더 괴로워진다. 게다가 시간도 낮에서 밤으로 바뀌다 보니 이웃이 시끄럽다고 할까봐 걱정도 된다.

이런 점이 '셀프 자장자장' 트레이닝에 실패하는 가장 흔한 이유다. 하지만 이 고비만 넘기면 혼자 힘으로 자는 기술을 거의 다 익혔다고 볼 수 있다. 그리고 월령이 낮으면 낮을수록 빠르게 습득할 수 있다.

영원히 우는 아기는 없다.

혹 아기의 울음소리를 가만히 듣고 있기가 너무나 괴롭고 죄책감이 든다면, 지금 이 순간에 초점을 맞추지 말고 '기나긴 육아 중 단 몇 개월뿐'이라는 점을 생각하며 미래를 떠올려보자.

그러면 자연히 "몇 달만 집중해서 열심히 해보자!" 하고 의욕을 낼 수 있다.

물론 노력은 엄마 혼자만의 몫이 아니다. 파트너와 가족이 함께 힘써야 한다. 외부의 힘을 빌리는 것도 좋은 방법이다. 동원할 수 있는 건 모두 동원해서 힘겨운 시기를 함께 이겨내면 된다.

아기는 환경 변화에 아주 민감하다. 그러니 정해진 규칙에 너무 얽매이지 말고 아무리 해도 되지 않는 날에는 무리하지 말고 내일 다시 해보자는 마음으로 유연하게 대처하자.

다만 아기에게 코 막힘 같은 증상이 나타났을 때는 주의할 필요가 있다. 코가 심하게 막히지 않더라도 입으로 호흡하는 데 서툰 아기에게는 몹시 괴로울 수 있으니 회복될 때까지 트레이닝을 중단하는 것이 좋다.

프랑스식 '셀프 자장자장' 3단계, 스스로 잠들기 트레이닝

3단계 '스스로 잠들기 트레이닝'은 2단계 '밤에 하는 수면 트레이닝'을 4주가량 진행해도 여전히 셀프 자장자장을 익히지 못한 경우에만 실시한다.

이 외에 이미 생후 5개월이 지난 아기에게 수면교육을 할 때도 3단계부터 시작하면 된다. 대상은 최대 11개월까지다.

트레이닝 방법은 1~2단계의 내용과 거의 같은데, 아기를 안지 않는다는 점과 관찰 시간이 다르다. 관찰 시간은 3회로 나누지 않고 아기가 잠들 때까지 반복하는 방식으로 바뀐다.

※어떤 경우든 아기는 반드시 위를 보는 자세로 눕혀야 한다. 단, 뒤척이더라도 다시 자연스럽게 똑바로 누울 줄 안다면 무리하게 자세를 바꿔주지 않아도 괜찮다.

트레이닝 순서

① 어두운 침실로 들어가 아기가 안정되도록 잠시 기다렸다가 침대에 눕히고 방을 나온다.

② 아기가 울기 시작하면 시간을 잰다. (※관찰 시간은 2단계와 동일)

이때 포인트는 방에 오래 머무르지 않고 수십 초 만에 방을 나서는 데 있다. 빠르게 방에서 나와 아기에게 자기 힘으로 안정을 찾을 시간을 준다. 방을 나서기 전 아기에게 말을 걸 때는 담담한 말투를 써서 아기가 흥분하지 않도록 주의해야 한다. 이때 아기에게 손을 대서는 안 된다.

만약 관찰 시간이 지나도 아기가 울음을 그칠 기미가 전혀 보이지 않으면 방으로 들어가 아기 옆에 가서 "코 자야지", "괜찮아"라고 간단한 말 몇 마디만 해주고 다시 방을 나선다.

프랑스식 통잠 육아

그래도 아기가
울음을 그치지 않는다면

침실 밖으로 나온 뒤에도 아기가 계속 울 때는 두 번째 관찰에 돌입해야 한다.

이때는 처음 관찰할 때보다 오래 지켜본다.

이런 식으로 아기가 잠들 때까지 시간을 조금씩 늘리면서 관찰을 반복한다.

만약 지켜보는 도중에 아기가 점차 안정을 찾는 듯 보인다면, 관찰하려던 시간이 넘어가더라도 침실에 들어가지 않고 그대로 아기가 잘 잠드는지 살펴보자. 최대 40분을 기준으로 아기가 잠들 때까지 지켜보면 된다.

지금까지 내가 진행하는 프랑스 육아 수업을 들은 부모들 가운데 3단계 '스스로 잠들기 트레이닝'까지 진행하고도 실패한 사람은 한 명도 없었다.

아기가 좀처럼 자지 않아 고민하던 부모도 이 3단계 트레이닝으로 아기가 스스로 잠들 수 있게 되어서 부모와 아이 모두 꿈에 그리던 통잠을 손에 넣었다(다만 수업을 중간에 그만두는 바람에 '셀프 자장자장'을 미처 습득하지 못한 경우는 두 번 있었다).

참고로 우리 집 세 딸은 모두 생후 한 달이 지나갈 무렵 '셀프 자장자장'을 익혔고, 이후 7시간과 10시간 수면 등 장시간 수면에 성공해 통잠을 자기 시작했다.

특히 첫째는 생후 한 달부터 아이 방에서 따로 재운 덕에 '셀프 자장자장'과 '장시간 수면'을 가장 빨리 터득했다.

하지만 '셀프 자장자장'이 가능해졌다고 해서 바로 '장시간 수면' 트레이닝을 시작할 수 있는 건 아니다. 장시간 수면 트레이닝에는 조건이 있기 때문이다. 자세한 내용은 145쪽에서 살펴보자.

아기가 한밤중에
잠에서 깼다면

'셀프 자장자장'을
익히기 전이나 트레이닝 중일 경우

이번에는 조금 방향을 바꿔서 밤에 아기가 깼을 때 어떻게 대응해야 하는지 알아보자.

이미 여러 번 이야기했듯이 아직 혼자 힘으로 잠드는 방법을 익히지 못한 아기가 밤에 깨서 울음을 터뜨렸을 때는 바로 안아주어서는 안 된다.

만약 완전히 깨서 우는 것이 아니라 잠꼬대를 하는 중이라면,

오히려 아기를 안아 들었을 때 완전히 잠이 깨버려서 수면주기를 학습할 기회가 사라지기 때문이다.

배가 고프거나 기저귀가 젖어서 우는 경우가 아니라면 잠시 기다리며 아기를 지켜보자. 다만 늦은 밤에 아기를 계속 울게 내버려 두기란 쉽지 않으니 2~3분 정도만 지켜보아도 좋다.

그래도 울음을 그치지 않을 때는 일단 안아주고 아기가 안정되면 수유나 기저귀 갈기 등 필요한 일을 끝내고 나서 다시 침대에 살며시 눕히면 된다.

'셀프 자장자장'을 익히고 나면
밤에 깨도 스스로 잠든다

자기 힘으로 잠들 줄 아는 아기는 밤중에 눈이 떠져도 다시 스스로 잠을 청할 수 있다.

깊은 밤 어둡고 조용한 환경은 처음 잠자리에 들 때와 완전히 같기 때문에 아기가 불안해하지 않고 쉽게 잠들 수 있는 것이다. 그래서 아기가 자다가 밤중에 눈을 뜨더라도 우선은 자기 힘으로 다시 잠을 청하도록 시간을 주는 것이 무엇보다 중요하다. 바로 안아 어르지 말고 아기가 다시 잠들기를 조용히 지켜보자.

혹시 3~5분이 지나도 울음을 멈추지 않는다면, 수면주기를 학습하는 과정이 아닐 가능성이 높으니 130쪽에서 소개한 '아기의 울음을 구별하는 포인트'를 참고해서 원인을 찾아 대응한다.

자다 깬 아기를 돌볼 때
주의해야 할 네 가지 포인트

밤중에 아기가 갑자기 잠에서 깼을 때는 다음 네 가지에 유의하며 대응해야 한다.

① 빛과 소리에 주의한다.

수유, 기저귀 갈기 등 필요한 일이 끝나고 나면 다시 아기 스스로 잠을 청해야 하므로 완전히 잠이 깨지 않도록 빛이나 목소리 등을 최소한으로 줄이자.

② 아기의 울음소리를 차분히 받아들일 수 있도록 마음의 준비를 한다.

수면주기를 학습하는 동안 아기는 종종 울음을 터뜨린다. 하지만 이 시기는 아기가 수면주기를 배울 귀중한 기회이기도 하다. 아기가 한밤중에 울어도 담담하게 받아들일 수 있도록 엄마, 아빠가 먼저 마음의 준비를 해두어야 한다.

③ 밤중 수유는 되도록 앉은 자세로 한다.

밤중 수유란 졸음과 피로와의 싸움이나 다름없고 그 시간대에는 눈을 뜨기조차 힘들다. 그러다 보니 아기와 함께 누워서 수유를 하게 되기 쉽지만, 되도록 앉은 자세를 취하는 것이 좋다.

체력적으로 너무 힘들어서 누워서 수유할 수밖에 없다면 젖을 물리는 동안 깜빡 잠들어 몸으로 아기를 압박할 위험이 있다는 점을 인식하고 충분히 주의를 기울여야 한다.

④ 같은 방에서 자는 형제가 있을 때는 어린이용 귀마개를 이용한다.

아기가 심하게 울어서 같은 방에서 자는 아이가 깰까 봐 걱정될 때는 잠시 어린이용 귀마개 등을 이용해서 울음소리를 조금이라도 막아 주자.

프랑스식 통잠 육아

오래오래 통잠 자는
아기로 만드는 방법

'셀프 자장자장'을 익혔다면 드디어 '장시간 수면'을 손에 넣을 차례다.

장시간 수면 단계로 넘어가는 데는 한 가지 조건이 있다.

아기의 체중이 4.5kg 이상에 달해야 한다는 점이다.

왜냐하면 취침 전에 모유나 분유를 배부르게 먹고 하룻밤을 버틸 수 있으려면 그만한 양이 들어갈 만큼 몸(위)이 성장해야 하기 때문이다. 그렇지 않으면 밤에 배가 고파 눈을 뜨게 된다.

따라서 아기 체중이 적어도 4.5kg 이상 되어야 장시간 수면 트레이닝을 시작할 수 있다는 사실을 꼭 기억해두자.

7시간 통잠을 위한
준비운동

먼저 준비운동이 필요하다. 이 단계에서 수유 간격은 4시간이 목표다.

아기에게 필요한 1회 수유량(체중이 4.5kg인 경우 130~140ml)을 남김없이 먹어 배를 가득 채우면 4시간 동안은 속이 든든해져서 통잠을 자기 쉬운 몸을 만들어나갈 수 있다. 아기의 체중에 맞는 수유량은 분유통 등에 자세히 적혀 있으니 확인해 보자.

4시간 간격으로 수유를 할 수 있게 되면 다양한 효과가 나타난다.

- 속이 든든해지면 아기가 기분 좋게 지낼 수 있는 시간도 길어진다.
- 쉽게 졸려진다.
- 다음 수유까지 부모가 휴식을 취할 수 있다.

- 시계를 보고 다음 행동을 예측할 수 있어서 마음이 편해진다.
- 계획을 세우기가 쉬워진다.
- 수유 횟수가 줄어든 만큼 가슴에 생기는 문제도 줄어든다.
- 잦은 수유(찔끔찔끔 먹는)가 거의 사라진다.
- 이유식을 시작할 때도 여러 번 나눠서 줄 필요가 없어서 수월하다.
- 나중에는 하루 4~5회 식사에 익숙해져서 간식이 필요 없어진다.
- 충치 예방에도 효과가 있다.

처음에는 수유 간격이 짧겠지만 하다 보면 서서히 길어지니 걱정하지 않아도 된다.

수유의 포인트

아기가 먹어야 하는 양을 모두 먹지 못할 때는 수유를 잠시 멈추고 아기와 함께 집 안을 산책하거나 베란다에 나가 바깥 공기를 쐬면서 10분 정도 기분 전환을 시켜 주자.
그러면 마음이 바뀌어서 젖을 좀 더 먹는 경우도 있다.

단, 필요한 양 이상의 모유나 분유를 한 번에 너무 많이 주려고 해서는 안 된다.

아기 위에 부담이 될 뿐만 아니라 다음 수유를 할 때 필요한 양을 모두 먹지 않을 가능성도 있기 때문이다. 특히 모유 수유를 할 때는 수유량이 갑자기 줄면 유선염으로 이어질 수도 있다.

만약 4시간이 채 지나기도 전에 아기가 울음을 터뜨린다면, 시간을 계산해서 다음 수유에 지장이 가지 않을 만큼만 분유를 주면 된다.

예를 들어 젖을 먹고 두 시간 뒤 아기가 울기 시작했을 때는 다음 수유까지 두 시간이 남았으니 1회 수유량인 130ml의 절반만큼 분유를 준다. 그러면 두 시간 후에는 다시 어느 정도 배가 고파질 것이다.

장시간 수면에는
분유가 더 효과적이다

모유 수유로는 장시간 통잠을 달성하기가 다소 어렵다.

아기가 자다 깨는 가장 큰 이유가 '배가 고파서'이기 때문이다.

모유는 분유에 비해 소화가 잘 된다고 한다. 이는 모유의 장점 중 하나이지만, 반대로 말하면 포만감이 오래가지 않고 금방 배가 고파진다는 뜻이기도 하다. 그래서 밤에 오랜 시간 깨지 않고 통잠을 자려면 모유보다는 포만감이 오래가는 분유가 더 적합하다.

모유만 먹을 때는 배가 고파져 일어나는 시간도 빨라져서 트레이닝에 더 오랜 시간이 걸리는 경향이 있기 때문에 엄마에게도 아이에게도 부담이 커진다.

그래서 장시간 통잠 트레이닝을 하는 동안은 분유 수유를 적극 권장한다.

그럼에도 완모를 유지하고 싶다면 반드시 정기적으로 착유를 해서 모유가 어느 정도 나오는지, 아기 체중과 비교해 부족하지 않은지 확인해야 한다.

이렇게 체크했을 때 모유의 양이 부족한 경우에는 아기의 성장을 위해서라도 모자라는 양을 분유로 보충해주는 것이 좋다.

그런데 분유 수유와 관련해 이런 고민을 털어놓는 부모도 많다.

"모유로만 몇 개월 지냈더니 막상 분유를 주려고 해도 아기가 먹지를 않아요."

프랑스에서도 생후 2개월 안에 젖병을 써보지 않으면 아기가 젖병을 거부한다고 말한다.

2개월 후에도 젖병을 가끔씩 사용해야만 아기가 촉감을 잊지 않고 젖병을 잘 문다. 그래야 분유를 수월하게 먹일 수 있다.

그러니 되도록 생후 2개월이 지나기 전에 아기가 분유에도 익숙해질 수 있도록 궁리하는 것이 중요하다. 엄마도 훨씬 편해지는 방법이니 반드시 기억해 두자.

세계보건기구(WHO)에서는 생후 6개월까지 완모를 권장한다. 특히 위생과 경제 면에서 어려움을 겪는 나라에서는 아기의 영양과 질병 예방을 위해 모유 수유를 강력하게 장려한다.

하지만 프랑스 엄마들은 언제까지 모유 수유를 할지 자기 스스로 판단해서 결정하고, 사실상 모유 수유를 강하게 고집하지 않는 사람이 많다.

이 책에서는 분유가 엄마의 부담과 스트레스를 줄여주고 아기의 통잠을 쉽게 이끌어낼 수 있다는 점을 고려하여, 모유 수유를 지나치게 고집하지 않는 방식을 권장한다.

다만 프랑스 엄마들이 자기 아이를 키우는 방식을 스스로 결정하듯이 독자 여러분도 스스로 판단할 수 있다.

7시간
통잠 트레이닝

수유 간격이 4시간 정도로 벌어지고 아기가 한 번에 우유를
적어도 145ml 정도 먹을 수 있게 될 만큼 몸(위)이 성장하면 드
디어 7시간 통잠 트레이닝을 시작할 수 있다.

7시간 통잠 트레이닝은 하루 5회, 4시간 간격으로 수유를 하
며 진행한다.

순서는 다음과 같다.

① 반드시 매일 아침 정해진 시간에 일어나 햇볕을 쬔다

매일 아침 일정한 시간에 일어나 햇볕을 쬐면 자연히 체내시계가 리셋된다. 아기의 생활 리듬이 견고하게 자리를 잡기 위해 반드시 필요한 과정이다.

그뿐만 아니라 아침 일찍 일어나면 밤에도 쉽게 잠들 수 있어서 저절로 일찍 자고 일찍 일어나는 습관을 기를 수 있다.

② 하루 다섯 번 시간을 잘 지켜 수유한다

수유는 되도록 시간을 지켜서 정해진 타이밍에 하도록 하자. 다만 30분 정도 빨라지거나 늦어지는 정도는 문제가 없으니 스트레스 받을 필요는 없다. 아기의 상태를 보며 조금씩 조절하면 된다.

4시간이 지나기도 전에 아기가 배고픔을 호소한다면 모유 대신 분유를 조금 주는 것이 좋다.

하지만 수유하고 3시간 뒤에 아기가 공복 상태가 된 경우에는 다음 수유 시간이 얼마 남지 않았으니 수유를 앞당겨서 진행해도 문제없다.

그리고 하루 중 네 번째 수유는 목욕 전후로 두 번에 나눠서 해도 좋다.

예를 들어 먹여야 하는 양이 145ml라면 100ml를 먼저 먹이고 목욕을 한 다음 수분 보충도 할 겸 남은 45ml를 마저 먹이는 것이다.

③ 다섯 번째 수유 시에는 아기가 자고 있더라도 분유를 먹인다

다섯 번째 수유 타이밍에는 아기가 자고 있더라도 꼭 분유를 먹여야 한다. 아이가 눈을 감고 있어도 젖병을 물리면 먹을 수도 있으니 시도해 보자.

만약 아기가 분유를 먹지 않는다면 아기가 잠시 일어나도록 기저귀를 갈거나 발바닥을 간지럽히는 등 작은 자극을 주면 된다.

완모를 하면 공복이 빨리 찾아와서 밤중에 더 빠르게 눈을 뜨는 경향이 있다. 트레이닝 자체도 분유를 쓸 때보다 시간이 오래 걸린다는 점을 명심하자.

밤중에 아기를 보살필 때는 주변이 겨우 보일 정도로 조명 밝기를 최대한 낮춰서 마치 꿈속에 있는 듯한 느낌을 주자.

앞서 말했듯이 수유하는 동안 아기에게 말을 걸어서는 안 된다. 아기에게 목소리를 들려주고 싶다면 잠이 깨도 상관없는 낮 시간에 말을 걸어 주자.

아기가 새벽에 눈을 뜨면
어떻게 해야 할까?

7시간 통잠을 연습하는 동안에는 아기가 아직 생활 리듬에 익숙해지지 않아서 새벽 4~5시에 눈을 뜨곤 한다.

이때 2~3분 울고 나서도 점점 심하게 울면 일단 아기를 안아 달래준다. 여기서 우리의 목적은 '다시 잠들기 위한 연습'이니 아기를 보살필 때도 완전히 깨지 않도록 유의해야 한다.

아기가 새벽에 눈을 떴을 때 부모가 할 행동은 트레이닝 첫날이냐 둘째 날 이후냐에 따라 조금 달라진다.

이어서 대처법과 순서를 정리해두었으니 꼭 알아 두자.

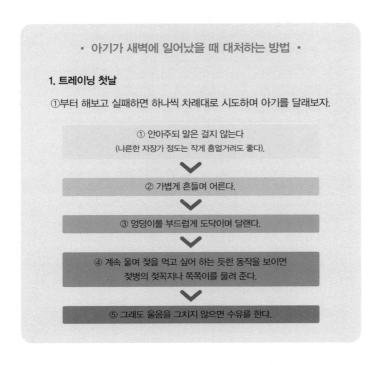

· 아기가 새벽에 일어났을 때 대처하는 방법 ·

1. 트레이닝 첫날

①부터 해보고 실패하면 하나씩 차례대로 시도하며 아기를 달래보자.

① 안아주되 말은 걸지 않는다
(나른한 자장가 정도는 작게 흥얼거려도 좋다).

⬇

② 가볍게 흔들며 어른다.

⬇

③ 엉덩이를 부드럽게 도닥이며 달랜다.

⬇

④ 계속 울며 젖을 먹고 싶어 하는 듯한 동작을 보이면 젖병의 젖꼭지나 쪽쪽이를 물려 준다.

⬇

⑤ 그래도 울음을 그치지 않으면 수유를 한다.

- 수유는 최후의 수단! 운다고 바로 젖을 주어서는 안 된다.
- ①~⑤ 어느 단계에서든 아기가 안정을 되찾거나 안긴 상태로 잠들면 조용히 잘 수 있게 해준다.
- 이때는 '셀프 자장자장'을 유도하기보다는 수유 없이 잠들게 하는 데 집중한다.

2. 트레이닝 둘째 날 이후

① 트레이닝 첫날보다 오래 안아 얼러주고 아기의 주의를 끌어 공복을 견디게 돕는다.
② 다음 날은 전날보다 더 오래 참게 한다. 참을 수 있는 만큼 최대한 참게 하고 한계가 왔을 때 젖을 준다. 아기가 안정되면 본래 기상 시간까지 재운다.

- 아기가 부부 침실에서 지내거나 다른 형제와 같은 방을 쓰는 경우, 트레이닝을 하는 기간 동안만 침실을 분리한다.
- 어둠 속에서 트레이닝이 이루어지므로 필요한 물건은 가까운 곳에 준비해 둔다.
- 한밤중이나 새벽에는 대변이 아닌 한 기저귀를 갈 필요가 없다. 아기가 다시 잠들 수 있도록 잠을 깨우는 일은 되도록 피한다.
- 한 사이즈 큰 팬티형 기저귀를 입히면 샐 걱정은 거의 없다.
- 트레이닝을 위해 일찍 잠자리에 든다.

프랑스식 통잠 육아

'아기가 새벽에 일어났을 때 대처하는 방법'에서 소개한 내용 대로 여섯 번째 수유 시간을 날마다 조금씩 뒤로 미룬다. 전날 다섯 번째 수유 다음 아침 6시까지 얼추 잠을 잘 수 있게 되면 성공이라고 보아도 좋다.

마지막으로 정해진 기상 시간에 아기를 한번 완전히 깨워서 체내시계를 리셋시키는 것도 잊지 말아야 한다. 그 후 젖을 먹고 나서 다시 잠들어도 문제는 없다.

7시간 통잠 트레이닝에
성공하는 비결

트레이닝을 시작한 첫날부터 일주일 동안 엄마는 가장 힘든 시간을 맞이하게 된다. 가족의 이해와 협력이 반드시 필요한 시기이니 맡길 수 있는 부분은 최대한 맡겨야 한다.

예를 들면 이런 식이다.

- 다섯 번째 수유는 파트너에게 맡긴다.
- 새벽 트레이닝 때문에 지쳐서 일어나지 못할 때는 가족에게 아기의 아침 기상과 첫 번째 수유를 부탁한다.

평소 첫 번째 수유 시 모유를 먹이고 있다면 이렇게 가족에게 첫 수유를 맡겼을 때 타이밍을 놓쳐서 가슴이 부을지도 모른다. 두 번째 수유에 대비해 착유를 조금만 해서 젖이 지나치게 불지 않도록 관리하자. 그리고 모유가 아깝다는 생각에 불필요한 시간대에 수유를 하지 않도록 주의하자.

습관 형성의 기본은 시간을 지키는 것. 트레이닝은 아기가 리듬을 기억하게 하기 위한 연습이니 시간을 꼭 지키자.

트레이닝하는 동안은 집안일을 생략할 수 있는 만큼 최대한 생략하고 아기의 수유 시간과 새벽 트레이닝에 온전히 집중할 수 있는 환경을 만들어야 한다. 식사는 밑반찬이나 인스턴트식품을 적절히 활용하는 것도 좋은 방법이다.

더구나 다른 자녀가 있는 가정이라면 시간이 더 부족할 테니 다시 한 번 생활 리듬을 체크할 필요가 있다.

10시간
통잠 트레이닝

　　하루 5회 수유와 7시간 통잠이 3주 정도 지속되었다면 생활 리듬이 자리를 잡았다고 보아도 무방하다. 그러면 다음 단계인 '10시간 통잠'으로 넘어갈 수 있다.

　　10시간 통잠을 손에 넣으려면 '셀프 자장자장'과 '7시간 통잠'에서 그치지 않고 아기가 좀 더 참고 기다릴 수 있도록 트레이닝을 추가해야 한다.

　　참고 기다려야 한다고 말하기는 했지만, 아기는 이미 7시간 통잠을 익히며 방법을 학습했기 때문에 실천하기 전혀 어렵지 않다. 수업에서 10시간 통잠 트레이닝을 시작한 엄마들은 대부분 일주일 안에 성공을 거뒀다.

10시간 통잠을 달성하면 아기의 생활 리듬은 어른의 생활 리듬과 크게 다를 바가 없어진다.

수유 횟수도 성인의 식사 타이밍과 거의 동일해져서 밤에 잠자리에 든 뒤 아침까지 푹 자기 때문에 엄마의 육아 부담도 훨씬 줄어든다. 트레이닝은 다음 같은 순서로 실시한다.

10시간 통잠 트레이닝 순서

① 반드시 매일 아침 정해진 시간에 일어나 햇볕을 쬔다.

② 하루 네 번 시간을 잘 지켜 수유한다.

③ 네 번째 수유 시에는 되도록 필요한 양을 모두 먹인다.

이번에는 하나씩 순서대로 살펴보자.

먼저 '반드시 매일 아침 정해진 시간에 일어나 햇볕 쬐기'가 트레이닝의 기본이다.

　　　　　　　　　　　　프랑스식 통잠 육아

다음은 '하루 네 번 시간을 잘 지켜 수유하기'. 다만 7시간 통잠 트레이닝과 마찬가지로 30분쯤 빨라지거나 늦어지는 정도는 문제가 되지 않으니 아이의 상태를 고려해서 조정하면 된다.

여름처럼 땀을 많이 흘리는 계절에는 탈수를 막기 위해 수분 보충도 꼼꼼히 해주어야 한다. 수유 시간 사이사이 적절한 타이밍에 물이나 보리차를 주면 된다. 그 밖에 땀을 흘린 뒤나 목이 마를 법한 때에도 물을 주도록 하자.

마지막은 '네 번째 수유 시에는 되도록 필요한 양을 모두 먹이기'다. 이때 젖을 배부르게 먹여야 10시간 수면의 성공률을 높일 수 있다.

· 10시간 통잠 트레이닝의 수유 간격 ·

가장 이상적인 수유 시간 = 4시간~4시간 반 간격으로 하루 4회

1회 7시(기상 시)
2회 11시~11시 반
3회 15시~16시
4회 19시~20시(수유 후 목욕 →수분 보충 →취침)
※밤에는 하루의 피로 때문에 칭얼거리기 쉬우니 되도록 일찍 재운다.
5회(트레이닝) 새벽이나 한밤중에 아기가 깼을 때

※이를 바탕으로 각 가정의 생활 스타일에 맞춰 조정하자.

네 번째 수유는 목욕 전후로 두 번에 나눠서 진행해도 좋다. 그리고 하루 5회 수유를 할 때처럼 다섯 번째 수유 타이밍(예를 들면 23시 무렵)에 아기가 잠에서 깬다면, 그 시간에 일어나는 버릇이 생겼다는 뜻이니 조금씩 고쳐나가야 한다.

밤중에 일어나는
버릇을 없애는 방법

아기에게 지금 일어나지 않아도 된다고 알려주는 유일한 방법은 반응이나 대응을 하지 않는 것이다. 만약 아기가 다섯 번째 수유 시간에 눈을 뜬다면 가만히 지켜보자. 이미 7시간 통잠을 배웠기 때문에 가만히 두어도 아기 스스로 다시 잠을 청할 수 있다.

10시간 통잠을 막 시작할 때는 잠자리에 들고 7시간쯤 지나고 나면 아기가 깊은 밤이나 새벽쯤 눈을 뜬다. 그럴 때는 평소처럼 '관찰'을 시작하고 2~3분이 지나도 점점 심하게 울면 트레이닝에 들어간다.

155, 156쪽 '아기가 새벽에 일어났을 때 대처하는 방법'에서 소개한 순서에 따라 하나씩 시도하면 된다.

이렇게 다섯 번째 수유 시간을 조금씩 뒤로 미뤄나간다. 네 번째 수유 이후 10시간을 잘 수 있게 되면 트레이닝에 성공한 셈이다. 물론 이때도 기상 시간에 일어나 햇볕을 쪼여 잠을 깨워주자.

2부

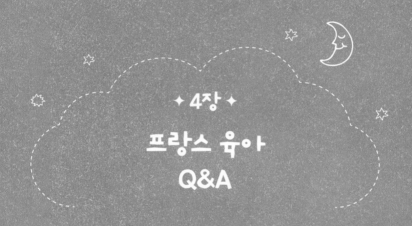

✦ 4장 ✦

프랑스 육아
Q&A

Q 밤에 아기 우는 소리 때문에 이웃에 피해가 갈까 봐 걱정이에요. 소음을 줄일 수 있는 좋은 방법은 없을까요?

A 창문을 꼭 닫고 암막 커튼을 사용하세요.

소음이 신경 쓰일 때 의외로 놓치기 쉬운 부분이 바로 창문이다. 창문만 꼭 닫아 두어도 어느 정도 소리를 차단할 수 있다. 그리고 암막 커튼이나 덧창도 소리를 막는 효과가 있으니 꼭 활용해보자.

그래도 소음이 신경 쓰인다면 먼저 이웃에게 인사를 건네고 사정을 설명해보는 건 어떨까? 물론 사람에 따라 많이 다르겠지만, 미리 설명해서 좋은 관계를 만든다면 이웃도 어느 정도 이해해주기 마련이다.

Q 저희 집은 번화가에 있어서 늦은 시간까지 주변이 시끄러울 때가 많아요. 바깥 소음을 차단할 좋은 아이디어가 있을까요?

A 백색소음기를 사용해 보세요.

시중에 판매 중인 백색소음기를 써 보자. 백색소음이란 쉽게 말해 잡음이라 할 수 있다. 주로 아무것도 나오지 않는 TV 화면에서 모래바람 불듯 치직거리는 소리를 예로 들곤 한다.

백색소음기를 소음이 들어오는 창문과 아기 사이에 두면 소리의 벽이 생겨서 바깥에서 들어오는 소리를 어느 정도 막아준다. 외부 소음 차단뿐 아니라 미닫이문이나 파티션으로 분리되어 있어 방음이 잘 되지 않는 침실에도 효과적이다.

Q '셀프 자장자장'을 모르고 지금까지 계속 아기를 안고 젖을 먹이며 재웠어요. 아기가 한번 이렇게 자 버릇하면 '셀프 자장자장'을 익힐 때 시간이 오래 걸릴까요?

A 아기는 환경 적응 능력이 높으니 아직 늦지 않았어요. 부모가 일관성 있게 행동하는 것이 중요합니다.

성인도 나쁜 버릇을 고치고 새로운 습관을 들이려면 어느 정도 시간이 걸린다. 어른이 그렇듯이 아기도 한번 몸에 익은 버릇을 고치려면 시간이 필요하다.

다행히 아기는 어른보다 유연하게 환경에 적응하기 때문에 어른보다 훨씬 빠르게 습관을 기를 수 있으니 걱정할 필요는 없다.

중요한 건 부모가 일관성 있는 자세로 아기에게 대응해야 한다는 점이다. 그러면 아기도 틀림없이 부모를 따라줄 것이다.

Q '셀프 자장자장'을 배우지 못하고 5개월이 되어버렸어요. 이럴 때는 2단계부터 시작하면 될까요? 아직 늦지 않았을까요?

A 생후 5개월 이상이라면 3단계 '스스로 잠들기 트레이닝'부터 시작해보세요.

아기가 생후 5개월 이상이라면 3단계 '스스로 잠들기 트레이닝'부터 시작한다(137쪽 참조). '셀프 자장자장'은 아이가 몇 살이

든 배울 수 있다.

하지만 연령 또는 월령이 낮으면 낮을수록 습득이 빠르고 연령이나 월령이 오를수록 익히는 속도가 느려진다는 것은 사실이다. 성장 과정에 따라 특별한 이유 없이 아기가 밤에 울음을 터뜨리는 시기도 있으니 되도록 이른 시기에 트레이닝을 시작하는 편이 좋다.

또한 환경이 바뀌면서 원래 상태로 돌아가는 경우도 종종 있다. 예를 들어 명절에 고향에 가거나 여행을 떠나느라 자는 환경이 바뀌어서, 또는 아기가 감기에 걸리거나 컨디션이 좋지 않아 같이 자며 간병했더니 낫고 나서도 엄마와 같이 자고 싶어서 혼자 자기를 꺼리기도 한다.

그럴 때도 '셀프 자장자장' 트레이닝을 반복해서 습관을 되찾아주어야 한다.

Q 낮잠은 어느 시간대에 얼마나 자야 가장 좋을까요? 예를 들어 아기가 저녁에 졸려 하면 밤에 자는 데 지장을 줄 테니 깨워야 할까요?

A 점심 이후, 즉 두 번째 수유를 마치고 2~3시간 정도 낮잠을 재우는 게 이상적이에요.

낮잠은 아기의 월령 및 연령에 따라 자는 시간과 횟수가 달라진다. 기본적으로 생활 리듬이 잡혀 있는 아기는 점심 이후, 하루 중 두 번째 수유를 마친 다음 2~3시간 정도 낮잠을 자면 된다.

그리고 낮잠을 충분히 잘 수 있도록 아침 시간에는 너무 오래 자지 않도록 주의를 기울이는 것이 좋다. 낮잠 시간에 영향이 가지 않도록 아기의 아침잠을 제한하려면 얼마나 자야 적절한지 관찰하면서 시간을 조정하자.

저녁에는 아기가 피곤해 보이면 잠시 자게 해 주는 것이 좋다. 단, 10분에서 1시간 정도가 적당하다. 더 길어지면 밤잠에 지장이 갈 수 있으니 너무 오래 재우지 않도록 주의하자.

Q '셀프 자장자장'에 조금씩 익숙해지는 중인데, 여전히 가끔 밤중에 깨서 울 때가 있어요. 이런 날도 점점 줄어들까요?

A 성장의 증거로 받아들이고 반복해서 관찰하다 보면 밤에 깨서 우는 날도 점점 줄어들 거예요.

아주 드물지만 아무리 연습해도 밤에 일어나 우는 아기도 있다. 하지만 조금씩 개선되는 모습이 보인다면, 아기는 지금 열심히 학습 중이라는 뜻이다. 부모가 잘못된 방식을 취하거나 중간에 그만두지만 않는다면 확실히 익힐 수 있으니 아기의 능력을 믿자.

그 밖에는 다른 이유로는 원더 윅스를 의심해볼 수 있다. 다만 원더 윅스라 해도 일시적인 현상이니 '성장하고 있다는 증거'라고 긍정적으로 받아들이고 관찰을 멈추지 말아야 한다. 혹시 평소와 달리 격렬하게 운다면 일단 안아주고 아기가 안정을 되찾은 뒤 평소대로 트레이닝을 진행하면 된다.

Q 시어머니와 남편은 아기가 우는데 어떻게 안아주지 않을 수 있냐며 저를 나무라요. 주변 사람들을 설득할 좋은 방법이 있을까요?

A 아기가 운다고 해서 꼭 깨어 있다는 뜻은 아닙니다.

기분 좋게 자고 있는데 갑자기 흔들어 깨우면 누구든 기분이 좋을 리 없다. 이와 마찬가지로 아기가 운다고 해서 바로 안아들면 오히려 아기를 깨우게 된다. 곤히 자던 아기를 깨우는 것이 더 가엾지 않을까.

수면은 아기에게 있어 영양만큼이나 중요한 요소다. 불필요한 때에 아기를 안거나 수유를 하느라 귀중한 수면을 방해할 필요는 없다.

또한 '관찰'은 방치와는 전혀 다르다. 아기를 지켜봄으로써 부

프랑스식 통잠 육아

모는 아기의 요구를 점점 정확히 알아보고 이해하고 변화를 빠르게 파악할 수 있게 된다.

아기의 요구를 제대로 파악하지 못하고 잘못 대응하기보다는 필요한 때에 정확하고 적절한 방식으로 대응하는 것이 아기도 몇 배는 더 기쁠 것이다.

Q 출산 이후 반년 만에 직장에 복귀할 예정이에요. 퇴근이 늦어서 아무리 애써도 아이를 재우는 시간이 늦어질 것 같아요. 어떻게 해야 할까요?

A 늦게 잘 때는 일어나는 시간을 그만큼 늦춰주세요.

일정한 리듬을 만드는 것이 핵심이다. 아무리 노력해도 일찍 재울 수 없다면 일어나는 시간을 그만큼 늦춰야 한다.

6~7시 기상 시간을 조금 늦춰 8시쯤 일어나게 하고 그만큼 잠자리에 드는 시간도 늦추면 어떨까. 이렇게 하면 일정한 리듬을 유지할 수 있어서 체내시계가 크게 흔들리지는 않는다.

물론 몇 시에 일어나든 아침에는 햇볕을 충분히 쬐어야 한다. 햇볕은 체내시계를 되돌려 생활 리듬을 견고하게 만들어 준다.

Q 모유가 너무 많이 나와서 분유를 먹이면 밤에 가슴이 팅팅 부어서 힘들어요. 모유만으로도 '셀프 자장자장'을 익힐 수 있을까요?

A 취침 전에 모유를 배부르게 먹일 수 있다면 문제없습니다.

'셀프 자장자장'이란 간단하게 말하면 자기 스스로 잠든다는 뜻이다. 분유 수유가 셀프 자장자장을 익히는 데 좀 더 적합하기는 하지만, 수유 스타일과 직접적인 관계는 없으니 모유 수유를 한다고 해서 걱정할 필요는 없다.

✦ 5장 ✦

자립심 강한 아이로
키우는 프랑스 육아

프랑스 아이는
편식하지 않는다?!

　　2장과 3장에서는 프랑스 수면교육의 노하우를 자세히 살펴보았다. 5장에서는 수면교육 이외에 아직 소개하지 못한 프랑스 육아 전반에 대해 이야기해보려 한다.

싫어하는 음식이라도
반드시 한 입은 먹게 한다

　　미식의 나라 프랑스. 프랑스 사람들은 식생활 교육에도 그들만의 방식이 있다. 바로 '싫어하는 음식이라도 반드시 한 입은 먹게 한다'는 것이다.

이 철칙은 아이가 이유식을 먹는 시기에도 예외 없이 적용된다. 보통은 미음이나 죽으로 이유식을 시작하지만, 농업 대국 프랑스에서는 당근, 호박, 고구마, 강낭콩, 각종 콩 등 영양이 풍부하고 단맛이 있는 채소부터 시작한다. 그리고 아기 때부터 아이가 싫다며 먹지 않으려 하는 음식이 생겨도 과하게 반응하지 않는 것이 프랑스식이다.

프랑스에서는 다른 부분과 마찬가지로 식생활에 관해서도 부모가 정해둔 흔들리지 않는 규칙이 존재한다. 프랑스 부모들은 대부분 "무리해서 다 먹을 필요는 없지만, 반드시 한 입은 먹을 것"이라는 규칙을 따른다.

아이가 그 음식을 싫어해도 상관없다. 그래도 한 입은 꼭 먹게 한다. 한 입 먹으면 더 먹지 않아도 신경 쓰지 않고 억지로 먹이려드는 경우도 거의 없다.

남편도 어린 시절 싫어하는 음식이 저녁 메뉴로 나올 때가 있었다고 한다. 그럴 때 시어머니는 이렇게 말했다고 한다.

"싫으면 한 입만 먹고 남겨도 돼. 대신 저녁밥은 이게 전부란다."

프랑스식 통잠 육아

이럴 때 '당근이 싫으면 대신 토마토를 줄까?', '그거 대신 뭐 먹을래?' 하고 아이 취향에 맞추지 않고 '이게 오늘 메뉴란다' 하고 어른이 식탁을 주도하는 것이다.

맛에 익숙하지 않아서
먹지 않는 것이다

'반드시 한 입은 먹어야 한다'는 규칙에는 이유가 있다.

프랑스 사람들은 아이가 처음 보는 음식을 낯설어하는 것이 당연하다고 여긴다. 아이는 새로운 맛에 익숙하지 않기 때문이다.

그래서 어떤 음식을 처음 내놓았을 때 아이가 반기지 않아도 신경 쓰지 않는다. 한 입만 먹게 하고 그 후로도 여러 번 식탁에 올려서 조금씩 새로운 맛에 적응하게 해준다. 아이도 의무적으로 먹어야 하는 것은 단 한 입뿐이니 맛이 마음에 들지 않더라도 그리 부담을 느끼지 않는다.

이미 이유식을 시작한 부모 중에는 두세 번 줘보았는데 아기가 먹지 않으면 '아, 이 음식은 좋아하지 않는구나' 하고 단정 짓는 사람이 적지 않다.

또는 저번에 잘 먹지 않았으니까 이 메뉴는 만들지 말아야겠다는 생각에 다시 식탁에 내기를 망설이기도 한다.

그런 고민을 반복하다 보면 어느새 아이가 좋아하는 음식만 주게 될지도 모른다. 그 결과 아이가 먹을 수 있는 음식은 줄어들고 메뉴 선택의 폭도 좁아져서 밥상 문제로 더 많이 고민하게 된다.

심지어 남기지 말고 먹으라고 지나치게 강요한 나머지 아이가 오히려 그 음식을 꺼리게 되거나, 아이가 좋아하는 햄버그스테이크에 싫어하는 채소를 잘게 다져 넣어 먹이려고 열을 올리게 된다.

- 한 입은 꼭 먹게 한다.
- 먹지 않더라도 대신할 음식은 주지 않는다.
- 아이의 기호에 맞추지 않고 좋아하지 않는 음식도 계속 식탁에 낸다.

이 규칙에 따라 아이가 먹든 먹지 않든 지나치게 신경 쓰지 않고 일희일비하지 않는다. 그렇게 마음먹으면 아이의 식생활에 대한 스트레스도 훨씬 줄어든다.

프랑스식 통잠 육아

프랑스에서는 집도
어른을 중심으로 꾸린다

프랑스 사람은 부모가 중심이고 일본 사람은 아이가 중심이다. 그런 경향은 아주 다양한 면에서 나타나는데, 집 안을 둘러보면 특히 그런 성향이 또렷하게 드러난다.

일본 가정에서는 아기가 태어난 순간부터 집 안이 온통 아기 물건으로 가득해진다. 한국도 상황이 비슷하다.

편안하게 쉬기 위한 거실까지 모조리 아기 장난감에 점령당하기도 한다. 집 안이 아기용품으로 넘쳐 나 어른이 쓸 물건은 구석으로 밀려나는 집도 결코 드물지 않다.

인형을 좋아하지 않는데 어느새 집 안에 인기 캐릭터가 가득

들어차 내 집인데도 편안하지 않다고 느끼는 사람도 많을 것
이다.

물론 프랑스에서도 아이를 위해 장난감과 가구를 준비한다.

하지만 프랑스 가정에서는 집 안 여기저기 아기 물건이 널려
있는 모습을 거의 볼 수 없다. 출산 후에도 집 안은 어른들에게
변함없이 아늑하고 편안한 공간이다.

놀이를 위한
공간을 만든다

집 안을 모두 아이 물건으로 채우는 것이 아니라, 오로지 어
른이 '아이를 위한 공간'이라고 정한 장소만 아이에게 알맞은 형
태로 만든다. 손수 가구를 만들거나 설치하면서 아이가 편안하
게 지낼 수 있는 공간을 만드는 것이 바로 부모의 역할이다.

아이의 연령과 체격에 맞는 책상과 의자, 가구 등을 마련하고
거기에 그림책과 장난감 등을 놓아 둔다. 아이만을 위한 장소이
니 아이들은 그곳에서 자유롭게 놀거나 쉴 수 있다.

단, 기본적으로 '아이 물건은 아이 공간에 보관한다'는 규칙을
지켜야 한다. 빈 공간이 없을 때는 거실이나 다른 방 한쪽에 아

프랑스식 통잠 육아

이를 위한 공간을 마련한다.

그리고 거실이나 주방으로 장난감을 가지고 나와 잠시 놀 수는 있어도 거기에 장난감을 계속 방치해두어서는 안 된다. 거실은 가족 모두가 휴식을 취하는 곳이지 아이가 노는 공간이 아니기 때문이다.

놀아도 되는 곳, 놀면 안 되는 곳의 경계를 명확하게 정해둔다.

그렇게 하면 육아를 하는 동안에도 마음 놓고 쉴 공간을 마련할 수 있다.

공간을 분리하는 것은 어른은 물론 아이에게도 이롭다.

아이의 체격에 맞는 가구와 아이를 생각해서 마련한 공간이기에 그렇지 않은 장소에서 놀 때보다 안전하고 쾌적하다.

일본이나 한국처럼 주거 환경이 넓지 않은 나라에서는 공간을 명확하게 분리하기가 어렵다 보니 거실만 봐도 "아, 이 집은 육아 중이군" 하고 알 수 있는 경우가 많다.

아이 물건이 항상 눈에 보이는 장소에서는 엄마도 아빠도 쉽게 '부모 스위치'를 끄지 못한다.

프랑스 사람들처럼 엄격하게 아이가 놀아도 되는 공간과 놀면 안 되는 공간을 나눠 가르치기는 어렵겠지만, 집 안이 아이 물건으로 어지러워지지 않도록 구역을 나누는 방식은 누구든 따라 할 수 있다.

아이가 태어나도 내가 좋아하는 공간에서 살기, 부모가 아니라 '나 자신'이 될 수 있는 공간 유지하기. 그런 프랑스 사람들의 지혜를 배워 보자.

아이를 위한 공간 -
우리 집 아이들의 놀이터

프랑스도 교외로 나가면 집이 넓어지지만, 파리 같은 중심지는 일본과 다름없이 주거 환경이 각박하다.

도심에서 교외로 이사해 환경을 개선하는 집이 있는가 하면 한정된 공간을 창의적인 방법으로 활용해 극복하는 집도 있다.

방을 필요한 수만큼 준비할 수 없는 경우에는 방 대신 구역으로 공간을 나눈다. 이런 식으로 공간을 적절히 나눠서 아이의 성장을 고려하며 어른과 아이의 개인 공간을 마련한다.

일본에서 생활하는 우리 가족 또한 세 아이의 놀이 공간을 확보하기가 정말 쉽지 않다. 우리 집은 방 세 개짜리 2층 건물이고 방은 모두 2층에 있다. 세 방은 각각 부부 침실, 아이 침실, 남편

서재로 쓰고 있는데, 남편의 서재 공간을 나눠서 한쪽을 아이들을 위한 놀이 공간으로 만들었다.

하지만 주말이나 쉬는 날이면 아이들이 장난감을 가져와서 아래층 거실에서 노는 경우가 많다.

억지로 막을 수는 없으니 '장난감은 가져와도 좋지만 자기 전에 반드시 정리해야 한다'는 규칙을 만들었다.

그렇게 하지 않으면 아이들이 잠든 뒤 거실이 너저분해져서 쉬고 싶어도 쉴 수 없는 상태가 된다.

아이들 물건이 없는 공간은 말끔하고 마음도 편안해서 우리 집에서는 아이들이 잠든 이후 거실에 아이 물건이 없는 상태를 유지하도록 노력하고 있다.

아이를 위한 공간 -
우리 집 아이들이 거쳐 온 침실

이번에는 우리 집 침실에 대해서도 이야기해보려 한다.

1장에서 말했듯이 우리 집도 둘째와 셋째가 태어났을 때는 1년 정도 부부 침실에 아기침대를 두고 생활했다. 그리고 둘째와 셋째가 아이 방에서 자게 된 뒤로는 한정된 공간 안에서 아이들에게 각각 분리된 개인 공간을 만들어주기 위해 많은 시행착오를 거듭했다.

지금도 아이들의 성장 과정을 고려해 조금씩 변화를 줘서 아이에게 쾌적한 수면 환경을 마련해주고 있다.

방을 아이마다 따로 만들어주기는 어렵지만, 아이만의 공간을 마련해서 자기가 좋아하는 것에 둘러싸여 편안하게 지낼 수 있도록 주의를 기울인다. 참고로 아이들의 침실은 다음과 같이 변화를 거듭해왔다.

- 첫째 0세   아이 방에 있는 아기침대에서 혼자서 잤다.
- 첫째 27개월, 둘째 11개월   아이 방에 아기침대를 두 개 놓고 둘째도 부부 침실에서 아이 방으로 옮겼다.
- 첫째 30개월, 둘째 14개월   둘째의 아기침대가 좁아져서 둘째를 첫째가 쓰던 아기침대로 옮기고 첫째는 새 매트리스에서 자게 되었다.

매트리스는 아이가 이리저리 밟고 돌아다닐 수 있어서 재울 때 조금 고생해야 했다. 그래도 부모가 일관적인 태도로 아이를 대하면 이런 문제도 언젠가는 해결된다.

그럼 조금 더 살펴보자.

- 첫째 3세 6개월, 둘째 27개월 둘째 아이 침대도 좁아져서 더블 사이즈 매트리스에서 두 아이가 함께 자기 시작했다.

그런데 이 방법은 잘못된 선택이었다. 침대가 넓어도 서로 닿거나 부딪쳐서 수면의 질이 떨어졌다. 게다가 잠자리에 들 때 아이들이 다투거나 장난을 치느라 잠을 자기까지 시간이 오래 걸렸다.

- 첫째 3세 10개월, 둘째 30개월 2층 침대를 구입해 각각의 개인 공간과 수면 공간을 확보했다. 딸아이들은 아주 기뻐하며 자기 침대에서 좋아하는 인형과 장난감에 둘러싸여 잠들게 되었다.

그리고 지금(2022년 3월 기준)은 12개월을 넘긴 셋째 아이를 아이 방 안에 있는 아기침대에서 재우고 첫째와 둘째는 그대로 2층 침대에서 잔다.

침실을 부부끼리만 쓰게 된 뒤로 수면의 질이 훨씬 높아졌다.

아이가 무서운 꿈을 꾸거나 아주 가끔 다시 잠들지 못하고 잠을 설칠 때는 부부 침실을 찾아오기도 한다. 그럴 때는 기상 시간까지 어른 침대에서 함께 자며 아침을 맞이한다.

이렇게 우리 집 침실의 변천사를 되돌아보았다. 어디까지나 한 가지 예시에 불과하니 필요한 부분만 참고해서 각 가정의 사정에 알맞은 환경을 만들어 보자.

프랑스 부모들이
함부로 사과하지 않는 이유

아이가 공원에 나가 뛰어놀 나이가 되면 다른 아이들과 놀다가 크고 작은 문제가 발생할 때도 있다.

예를 들어 아이가 공원에서 다른 친구의 장난감을 빼앗았을 때. 어린이집이나 유치원에서 다투다 친구를 울렸다는 이야기를 선생님에게 들었을 때. 우리는 어떻게 해야 할까?

일단 친구 엄마에게 "죄송합니다! 저희 아이가……"라고 사과부터 하는 부모가 적지 않다. 나도 같은 이유로 남편에게 충고를 받은 적이 있다.

살다 보면 다른 사람의 시선을 신경 쓰거나 주변 사람과의 관계를 의식하느라 어찌 되었든 문제부터 원만하게 해결하고 보자는 마음이 들기 쉽다.

하지만 남편은 부모가 아이보다 먼저 사과하는 모습을 이해할 수 없다고 말했다.

"잘못한 건 아이인데 왜 엄마가 사과를 해?"

남편은 부모가 사과하는 것이 아니라 '자기 아이에게 설명을 해야 한다'고 말한다.

어린아이에게 구구절절 설명하다니 너무 과하다고 생각할 수도 있지만, 어떤 행동 때문에 어떤 결과가 나왔고 무엇을 잘못했는지 아이가 이해할 때까지 차근차근 설명해준다.

그리고 아이가 자신이 잘못했다고 인지하면 그때 친구에게 사과하러 가자고 이야기한다. 아이가 혼자 사과하러 갈 용기가 없어 보일 때는 같이 가주거나 격려해서 아이가 사과하기 쉽도록 도와준다.

다시 말해, 사과하는 사람은 아이이지 부모가 아니다.

이유 없이
사과하지 않는다

어찌 되었든 일부터 수습하려고 아이에게 무엇이 나쁜지 설명하기도 전에 "네가 잘못했으니 미안하다고 해야지" 하고 재촉하면 아이는 자신이 무엇을 잘못했는지 이해하지 못할지도 모른다.

아이 대신 부모가 직접 사과해도 마찬가지다. 아이는 그 경험을 통해 아무것도 배우지 못한다. 왜 자신이 사과해야 하는지 올바르게 이해해야 아이의 다음 행동도 달라진다.

하지만 깊이 깨닫지 못하면 다시 같은 행동을 반복할 수도 있다. 그래서 프랑스 사람들은 아이에게 자신이 한 일은 자신이 책임져야 한다는 사실을 일찍부터 다양한 경험을 통해 가르쳐 주는지도 모른다.

이런 면에서도 자립을 중시하는 프랑스 사람들의 특징이 드러난다.

사람들은 왜 프랑스 부모가
아이에게 엄격하다고 말할까?

"프랑스인은 아이에게 엄격하다."

많은 사람이 프랑스 사람에게 이런 인상을 가지고 있다.

프랑스인이 아이에게 엄하다고 느끼는 가장 큰 이유는 '떼쓰기 전에 싹을 잘라야 한다'는 생각 때문인 듯하다. 아이의 요구란 하나하나 들어주다 보면 끝이 없다. 타당한 요구인지 얼토당토않은 투정인지 부모가 판단하고, 그것이 투정이라면 어떤 이유든 결코 용납하지 않는다.

부모의 태도가 흔들림 없이 확고하기 때문에 아이도 '내가 요구해도 되는 범위가 어디까지인지' 배울 수 있다.

프랑스식 통잠 육아

하지만 보통은 '이렇게 서럽게 우니까', '주변에 피해가 가니까', '일단 울음을 그쳐야 하니까' 등등 여러 이유로 상황을 모면하기 위해 그때그때 다른 태도를 취하기 쉽다.

여기에는 '개인'을 중시하는 프랑스인과 '주위 사람과의 조화'를 중시하는 일본인의 차이도 작용한 듯하다.

일본이나 한국 같은 나라에서는 '누구누구네 집에서는 이렇게 하니까', '시어머니가 그러라고 해서'라는 이유로 주위에 휘둘리느라 자신이 정한 규칙을 한결같이 유지하기가 어렵다.

하지만 부모의 태도가 계속 바뀌면 아이는 자신이 요구해도 되는 부분과 그렇지 않은 부분이 무엇인지 배울 수 없다.

그 결과 '지난번에 들어줬으니까 이번에도 계속 울면 들어줄 거야'라는 생각에 끝없이 떼를 쓰거나, '지난번에는 들어줬으면서 왜 오늘은 안 해주는 거야'라고 혼란스러워하게 된다.

우리 집도 손녀들을 귀여워하느라 옆에서 이것저것 참견하는 친정 식구들이 육아의 가장 큰 적이다.

프랑스 사람들이 인사를
중요하게 여기는 이유

그렇다면 프랑스 부모들은 특히 어떤 일에 엄격할까?

가장 먼저 떠오르는 것은 '인사'다. 어느 나라든 어릴 때부터 인사를 잘해야 한다고 가르치겠지만, 프랑스에서는 특히 더 인사를 중시하는 분위기다.

가족이나 친구 등 가까운 사이에서 볼을 맞대는 '비쥬' 인사를 하지 않으면 그 사람을 싫어한다는 뜻으로 받아들일 수도 있다. 가족이나 친구가 집에 놀러 왔을 때는 반드시 비쥬나 인사를 해야 하고 돌아갈 때도 마찬가지다.

프랑스에서는 친한 사람뿐만 아니라 가게 점원이나 길에서 마주친 사람에게도 반드시 인사를 하라고 가르친다.

가족끼리 남편의 고향에 갔을 때, 남편은 가게에 들어가거나 점원에게 말을 걸 때 꼭 "봉주르Bonjour"라고 인사하라고 신신당부했다.

프랑스에서는 아기가 말을 하기 전부터 이렇게 가르친다.

이와 마찬가지로 "감사합니다", "안녕히 계세요" 같은 인사도 어릴 때부터 반복해서 교육한다. 개인을 중시하는 프랑스이기에

프랑스식 통잠 육아

상대를 한 사람으로서 존중하고 그 사람에게 소리 내 인사하는 일을 중요하게 여기는 것이 아닐까.

예를 들어 가게에 들어가 직원에게 인사하지 않고 가게 안을 둘러보면 그 직원을 사람으로 존중하지 않고 깔보는 듯한 인상을 준다고 한다. 인사가 중요하다고 생각하는 나라는 많지만, 프랑스는 조금 느낌이 다르다.

프랑스 사람인 남편은 일본에서 술을 마시러 갔을 때 같이 간 일본 사람들 대부분이 술을 가져다 준 점원에게 고맙다고 인사하지 않아서 몹시 마음에 걸렸다고 한다. 그뿐만 아니라 길을 걷다가 어깨가 닿았을 때도 일본에서는 말없이 지나가기도 하지만, 프랑스에서는 반드시 "미안합니다"라고 하라고 가르친다.

그뿐만 아니라 식사에 관한 교육도 엄격하다.

아기 때부터 정해진 시간에 수유하고 다른 시간에는 무턱대고 먹이지 않는다. 아이가 식탁에 앉아 밥을 먹기 시작하면 소리 내지 말기, 음식 입 안에 넣은 채로 말하지 않기 등 식사 예절을 철저히 가르친다.

이처럼 가르쳐줘야 하는 부분은 확고한 자세로 분명히 가르치지만, 프랑스 사람들은 결코 아이에게 '차갑지' 않다.

남편이나 프랑스 친척들이 아이들을 대하는 모습을 보아도 느 낄 수 있다. 눈높이를 맞추고 다정한 눈빛으로 아이들을 대한다.

그러나 다른 나라의 부모들이 그러듯이 아이의 말을 하나부 터 열까지·다 들어주거나 모든 것을 아이 중심으로 생각하고 맞 추지는 않으니 그런 점을 차갑다고 느끼거나 오해하는지도 모 른다.

프랑스식 통잠 육아

그때그때 기분에 따라
육아해서는 안 된다

스스로 할 줄 아는
아이가 되는 것이 중요하다

프랑스 육아의 기본은 '아이의 자립을 돕는 것'이다.

여기서 말하는 자립이란 자기 일을 자기 스스로 할 수 있는 것을 뜻한다.

그러려면 아무리 어리다 해도 아기를 하나의 개인으로 존중하고 자신의 일은 가능한 한 스스로 해결할 수 있도록 조금씩 이끌어 주어야 한다.

남편은 내가 여전히 일본식 육아를 완전히 버리지 못해서 미리 걱정하고 먼저 손을 내미는 바람에 때로는 아이들의 자립을 방해한다고 말한다.

예를 들어 외출할 때는 약속 시간이 신경 쓰여서 아이들이 직접 신발을 신도록 기다리지 못하고 '지각하느니 내가 해주자!'라는 마음에 먼저 나서서 신발을 신겨주곤 한다.

반면 남편에게는 약속 시간을 지키는 것보다 아이들이 할 일을 스스로 하는 것이 더 중요하기 때문에 아이들이 직접 신발을 신도록 천천히 기다려 준다. 늦어서 다른 사람들에게 피해를 주느니 이번만 내가 해줘야겠다고 생각하는 나와, 아이들이 자기 일을 스스로 하는 것이 중요하다고 생각하는 프랑스인 남편의 차이가 바로 이럴 때 드러난다.

개인의 자유를 존중하는 프랑스에서는 자립해야만 온전히 한 사람으로 홀로서기 할 수 있다고 생각하므로 자기 일을 자기 힘으로 해결하는 것이 중요하다고 여긴다.

프랑스 육아는 자립뿐만 아니라 자신만의 확고한 생각 또한 기를 수 있도록 돕는다.

점차 성장하면서 자기 의견을 갖고, 때로는 다른 사람 눈에 잘못되어 보일지라도 자기 생각을 분명히 말할 수 있어야 한다.

프랑스식 통잠 육아

부모도 자립하는
프랑스 육아

프랑스 사람들은 아이에게 개인 공간을 마련해 주고 자신의 일을 스스로 해결하는 힘을 길러준다. 아이가 홀로서기 한다는 것은 부모도 한 사람으로서 자립하여 살아간다는 뜻이다.

프랑스 사람이 파트너를
중요하게 여기는 이유

프랑스인은 개인을 중시하지만, 성인이 되면 거의 모든 일이 커플 단위로 돌아가기 시작한다. 가족 안에서도 아내와 남편 등 파트너 사이의 관계를 가장 중요하게 여긴다. 일본이나 다른 나라에서는 아이를 키우는 동안 아무래도 '엄마와 아이'(대부분 이 관계가 가장 끈끈해진다) 그리고 '아빠와 아이'의 관계에 가장 시선이 쏠리는 경향이 있다.

늘 당연한 듯이 아이가 부부 사이에 끼어 있어서 어느새 자녀가 성장해 곁을 떠나고 나면 배우자와 무슨 이야기를 나눠야 할지조차 모르게 되기도 한다. 부부 관계에서 이런 일은 반드시 막아야 하지 않을까.

프랑스에서는 아무리 아기가 어리더라도 부부의 시간을 소홀히 여기지 않는다. 평소 아이를 일찍 재우고 밤에는 파트너와 함께 느긋하게 시간을 보낸다고 이야기했는데, 그 밖에도 베이비시터나 할머니, 할아버지에게 아이를 맡기고 부부끼리 저녁에 데이트를 나가거나 주말과 휴가 기간에 둘이서 여행을 가기도 한다. 이런 일은 결코 드물지 않다.

'아이가 아직 어린데 다른 사람한테 맡겨놓고 어른들끼리만 즐거워도 될까?' 하는 생각이 들지도 모르지만, 행복한 부부 관계는 아이에게도 많은 면에서 이롭다.

프랑스식 통잠 육아

예를 들어 엄마가 남편에게 화가 난 상태로 아이를 돌보면 아이는 그 부정적인 감정을 민감하게 감지한다고 한다. 아이에게 안 좋은 영향을 주지 않기 위해서라도 부부 관계를 원만하게 유지하는 것이 좋다.

남편의 동생 부부도 한 살 된 아이와 시어머니를 데리고 일본을 찾아온 적이 있는데, 2주 중 일주일은 모두와 함께 보내고 나머지 일주일은 아이를 시어머니에게 맡기고 둘이서 일본 각지를 여행했다.

그때는 '다른 나라에서 한 살짜리 애를 두고 다니다니!' 하고 내심 놀랐지만, 프랑스에서는 드문 일이 아니었다. 아이가 혼자서도 잘 잔 덕분에 시어머니도 큰 고생 없이 낯선 땅에서 일주일을 났다.

프랑스에는
쇼윈도 부부가 없다?

"하지만 프랑스가 일본보다 이혼율이 높지 않나요?"

이런 궁금증 어린 목소리가 들려오는 것 같다. 일본 총무성 통계국에서 발표한 〈세계의 통계 2020〉에 따르면 프랑스의 이

혼율은 인구 1000명당 1.9건이다. 1.7건인 일본과 비교하면 약간 더 많은 수준이다.

하지만 프랑스에는 '팍스PACS'라는 독자적인 파트너 제도를 선택한 커플이 많기 때문에 사실 그대로 비교하기는 어렵다.

팍스는 본래 동성 커플을 위해 만들어진 '동거 이상, 결혼 미만'의 시민연대계약이다. 팍스로 이어진 커플은 세금 제도나 상속에 있어서 법률상 결혼과 거의 같은 권리를 인정받지만, 헤어질 때는 결혼보다 절차가 훨씬 간단해서 지금은 많은 이성 커플들도 팍스를 선택한다.

프랑스에서 태어나는 아이들의 절반 이상이 '혼외 자녀'라고 하는데, 팍스 커플 사이에서 태어난 아이도 여기에 포함된다. 팍스 커플이 그만큼 많다는 뜻이다. 조금 다른 이야기지만, 프랑스의 가정들은 일본과 달리 형태가 비슷비슷하지 않다.

남편의 가족들만 보아도 전 배우자와의 아이를 데리고 재혼한 부부, 팍스 커플, 동성 커플 등 매우 다양하다. 이렇게 형태가 유연하기에 더욱 파트너 사이의 인간관계를 중시하는 것이 아닐까.

그래서 결혼하거나 팍스 파트너가 되고 아이를 키우더라도 두 사람의 관계가 무너지면 아이를 위해 어쩔 수 없이 '엄마', '아빠'를 계속하기보다는 다른 선택을 하는 걸지도 모른다.

일도 집안일도 육아도
완벽할 필요는 없다

예전에는 '현모양처'라는 말이 집안 살림을 도맡은 여성들이 지향해야 할 모습을 가리켰다. 그런데 현대에는 이 말이 본래 단어의 의도에서 벗어나 엄마들을 한층 더 괴롭히고 있다.

전업주부가 많았던 과거와 달리 지금은 일하는 엄마가 훨씬 더 많기 때문이다.

슬프게도 맡은 일은 늘어났는데도 불구하고 세상은 여전히 육아와 집안일을 엄마의 역할이라고 여긴다.

매일매일 이 많은 일을 해내기도 벅차건만, 거기다 부채질하듯 아무 상관없는 누군가가 완벽해야 한다고 요구하거나 자기 스스로 현모양처가 되어야 한다고 생각하기도 한다.

더구나 지금은 핵가족이 많아 주위 사람의 도움을 구하기도 어려우니 현모양처를 노리기에는 어려움이 많다.

그렇다면 여성의 취업률이 68.2%(2018년 기준)인 프랑스는 어떨까?

프랑스 엄마들은 무리하지 않고 지나치게 애쓰지도 않는다.

무슨 일이든 '허투루 하지 않는' 것을 미덕으로 여기는 일본과
달리 프랑스 사람들은 수고를 덜 수 있는 부분은 최대한 덜어내
고 자신을 한계까지 몰아붙여서는 안 된다고 생각한다.

자신을 소중히 여기고 지나치게 완벽해지려 하지 않는다.

그렇게 하면 가족에게도 늘 웃는 얼굴을 보여줄 수 있고 일에
대한 의욕도 지킬 수 있다.

'엄마, 아빠'에서 벗어나는
시간과 공간을 만들자

육아는 장기전이다. 그 긴 시간 동안 줄곧 '엄마'라는 역할에
만 집중하려 한다면, 아이가 커서 부모를 더 이상 필요로 하지
않게 되었을 때 과연 무엇이 남을까?

엄마들은 대부분 일할 때 이외에는 거의 모든 시간을 '엄마'
로 지내는 데 쓴다.

아이에게는 '엄마'라 불리고 유치원 선생님이나 아이 친구 엄
마, 이웃 사람들에게는 '○○ 엄마'라고 불리는데, 남편마저 이름
을 불러주지 않는다면 엄마가 아닌 자신이 사라져버리는 기분이
들어도 이상하지 않다.

아이를 키우다 보면 육아, 집안일, 업무로 벅차서 다른 생각을 할 겨를이 없을지도 모른다. 매일 아이를 돌보고, 밥을 하고, 청소와 빨래를 하고, 회사에 가서 일을 하고, 유치원에서 아이를 데려와 목욕시키고, 재우고…….

특히 아이가 어릴 때는 육아만으로도 하루하루가 버겁다. 겨우 그날그날 버티는 기분이 드는 사람도 많을 것이다.

그러니 프랑스 육아를 통해 아이를 일찍 재우고 잠시 나만의 시간을 가져 보자. 때로는 휴일에 큰마음 먹고 아이를 어린이집이나 베이비시터나 친정 부모님께 맡기고 부부끼리 데이트를 즐겨도 좋고 혼자만의 시간을 만들어도 좋다.

"일할 때 늘 아이를 맡겨두니 적어도 일하는 시간 외에는 같이 있어야 하지 않을까요……?"

이런 생각이 들기 쉽지만, 죄책감을 느낄 필요는 없다.

오히려 한숨 돌리고 마음에서 우러난 미소로 아이를 대해야 아이도 그만큼 행복을 느낀다.

아이에게는 부모의 웃는 얼굴이 최고의 선물이다. 아이와 함께하는 시간은 '양보다 질'이 우선이라는 점을 명심하자.

아이를 맡길 곳이 없다면 지방자치단체에서 다양한 보육 서비스를 운영하니 거주 중인 지역의 기관에 문의해 보자.

'부모니까'라는 말은
오늘부터 그만

"부모가 되었으니 지금은 참는 수밖에."
"무조건 아이가 우선이지."

　하고 싶은 일이 있어도 육아를 우선시하다 보면 '부모니까 못
한다', '해서는 안 된다'라고 생각하게 된다.
　하지만 프랑스 육아의 관점에서 생각해 보면 우리는 부모이
기 이전에 한 사람이다. 자립적이고 주체적인 아이로 키우고 싶
다면 부모도 자립해야 한다. 물론 지금 바로 경제적으로 홀로서
기 해야 한다는 뜻은 아니다.
　낮 동안은 어린이집에 아이를 맡기더라도 밤에는 어른이 집
에서 아이를 돌봐주어야 하고 어린아이는 병치레도 잦다.
　아무리 프랑스 육아를 통해 합리적으로 아이를 키워도 아이
에게 손이 많이 간다는 점은 변함없는 사실이다.
　그래도 때로는 육아보다 내가 하고 싶은 일에 몰두하고, 파트
너나 친정 식구 또는 베이비시터에게 아이를 맡기는 데 죄책감
을 느끼지 않았으면 한다.
　나도 육아를 하면서 가끔씩 혼자 술 한잔하러 가거나 여행을

　프랑스식 통잠 육아

즐긴다.

망설이지 않고 자신을 위한 시간을 보내는 것도 프랑스 육아다. 물론 아무런 걱정 없이 아이를 부탁할 수 있는 건 아이들이 스스로 잘 자고 생활 리듬도 확실히 몸에 익었기 때문이다.

혼자서 지나치게 애쓰지 않고, 육아에 힘을 몽땅 쏟아붓지 않으며, 뭐든 완벽하게 해내려 하지 않는 육아. 프랑스식 육아는 바로 그런 육아를 실현할 수 있도록 도와준다.

프랑스식
통잠육아

1판 1쇄 인쇄 2023년 7월 12일
1판 1쇄 발행 2023년 7월 19일

지은이 레로 치히로
옮긴이 지소연

발행인 양원석 **편집장** 차선화 **책임편집** 김재연
디자인 강소정, 김미선 **영업마케팅** 윤우성, 박소정, 이현주, 정다은, 박윤하
해외저작권 이시자키 요시코

펴낸 곳 ㈜알에이치코리아
주소 서울시 금천구 가산디지털2로 53, 20층(가산동, 한라시그마밸리)
편집문의 02-6443-8863 **도서문의** 02-6443-8800
홈페이지 http://rhk.co.kr
등록 2004년 1월 15일 제2-3726호

ISBN 978-89-255-7623-7 (03590)